ゼロから学ぶ 孫子

Dan Togoshi
遠越 段

SOGO HOREI PUBLISHING CO., LTD

彼《かれ》を知り
己《おのれ》を知れば

百戦して殆《あや》うからず

敵のことを知って、自分のことを知るならば、百回やっても百回勝てる　孫子

なぜ、今「孫子」なのか？

「孫子」の教えは、今から約二五〇〇年も前に著され、現在に伝わっているものは、三国志で有名な、曹操《そうそう》がまとめたとされている。
その内容は、徹底して、「いかに勝つか」というものである。
それまでは、勝敗というものは、天運に左右されるという考え方が一般的であったのだが、戦争のデータを徹底的に分析し、「勝つ理由・負ける理由」といったものを明らかにし、まとめあげた。

戦うとは、決して戦争のような暴力的なことばかりをいうのではない。スポーツでの競争、受験での競争、仕事においてもプレゼンや、昇進などの競争がある。実際のところ人生は戦いに満ちている。

人生は、平等ではないと思う。
あなたが望む、望まぬにかかわらず戦いは起こってしまうものだ。そんなときのためにも、準備することは大切だ。丸腰で戦いに臨み、終わった後勝者をのしってもただの負け犬の遠吠えだ。

〝勝つ〟という言葉を聞いてピントこない人もいるかもしれない。ゆとり教育の影響もあり、運動会で競争せず全員でゴールをしたり、競争することをなくそうという風潮もある。

競争を拒む背景には、「負けること」への恐怖があるのではないだろうか。勝ちがなければ負けはない。挑戦しなければ失敗することがないのと同じだ。しかし、挑戦せず、失敗することも負けることもない人生。そんな人生、楽しいだろうか？

本当は欲しい物があるのに、戦うことを恐れ、本当にしたいものに目をつぶる。欲しいものを手に入れることも、手に入れる努力もしない人生。それが、あなたの望む人生だろうか？　それは、戦わずして負けているのと同じではないだろうか。

時代は変われど、同じ人間が行う勝負事においては、「勝つ理由・負ける理由」というものは共通しているようだ。現代も、孫正義氏や、ビル・ゲイツ氏といった、夢を実現し、世界の第一線で活躍するビジネスマンたちが「孫子」から勝ち方を学んでいる。

本書は、はじめて孫子に触れる人が、各項目を読んでいただくだけでも、そのエッセンスが学べるよう工夫している。「孫子」のエッセンスを学ぶだけでも、勝負事に断然強くなるだろう。

人生には、あなたの一生を大きく変えてしまうような「戦い」というものが、何度かある。絶対に負けられない戦いだ。

あなたには、望む人生を手に入れるために、学んだことを実践し、戦いに臨んでほしい。そして、ぜひとも勝って欲しい。

まえがき

日本人は今、そしてこれから何としても勝たなくてはならない。
もちろんあなたは必ず勝つ必要がある。
勝たなくてはならない理由はいくつかある。

一つは、もちろん私たち自身の生活を守ること。自分自身のみならず愛する家族や仲間を守らなくて、勝たなくて、いくら理想を語り、偉ぶっても何の説得力もない。どこかに行けということになる。そしてこの世は戦いの場であることは現実でもあるのだ。単に生きるためだけでなく（生存競争）、自分の夢を少しでも実現していこうとすると、さらに、この戦いは大変なものとなる（自己実現への道）。そしてこれに勝つことで人生も開けていく。

第二に、私たちの子孫に不幸を押しつけてはならないからだ。先人たちが命がけで、命を捨ててこの国を守り、私たちを生かしてくれた。私たちは、これを引きついでいく義務がある。
自分だけ自由を謳歌し、先人を悪くいう人もいる。特に、エリートと呼ばれる官僚、大手マスコミ、評論家たちは、自らが高い給料や年金でうまい汁を吸いつつ、日本の悪口をいっている。

多くの日本人の血と汗で得てきたお金で生活している。日本の先人や歴史を悪くいうという卑怯な（それこそ日本人らしくない）生き方をしてきた。そういう人は国にとって社会にとって有害きわまりないガンである。国を捨て、外国の自分の好きなところに移住してほしい（日本よりよい国などありはしないことをよく知っているはずだから、出て行かないだろうが）。

第三に、これはあまり大きな声でいえないが、世界の未来のために日本が勝ちつづけなくてはならないということだ。

大きな声でいえないというのは、これをいうとすぐに反発し、〝日本の侵略主義〟などという、それこそ世界一ありえないウソを宣伝しまくる大国や近隣諸国が多いからだ。そしてその政治的駆け引きに乗っかっている反日かつ反日利得者、敗戦利得者の一部政治家、エリート、学校教師、評論家などがマスコミを使って問題としてしまう。

しかし、本当に人類はこのままでよいのか。

一部の者だけがよい目をみることを許すような世界をなくしていくべきだろう。それを可能にするのが日本という国のあり方である。そして歴史であった。

日本人ほどみんなで幸せに生きていこうという人々はいない。平和を愛する人々はいない。八百万の神への信仰を持ち、宇宙、自然と共に生きて行こうとする。

そして守るべきときは戦う。そして必ず勝つ。

ところがたった一度負けただけで、そのすべて（歴史や考え方、生き方まで）を否定するような教えや宣伝が広められ、おかしな状態である。現実の世界はアメリカや中国の好きなようにつくられ、動かされていて、日本はいいようにやられている。孫子の兵法をうまく使い、日本を封じ込めている。これではいけない。必ず変えていかねばならない。

先にあげた三つの理由のために、私たちは勝たなくてはならない。そのために必要なことが、私たち日本人こそさらに孫子を徹底的に学び、生かすことである。それが、一人ひとりの人生にとって不可欠だし、日本という国にとっても必要である。

現在も、世界の政治家、ビジネスのトップリーダーたちは必ず孫子を学んでいる。私たちはそれ以上に孫子を身につけたいと思う。そのためにも本書を書き上げたのだ。

私たち日本人は、宇宙、自然と共生し、すべてと仲良く暮らし、約束を守り、誠実に、勤勉に生きる人々だ。

そしてその基盤となる精神を武士道にまで高め、戦いにどうやって勝つのかについては、孫子を学ぶことで補ってきた。

ところが日露戦争後、この武士道精神と孫子の学習が日本人に欠けることとなり、反戦主義が台頭し、いわゆる〝お花畑〟の社会にもなってきた。

反戦はいい。でも戦いを挑まれたら、勝たなくてはならない。だから、私たちは、武士道精神と、それを担保しつづける孫子を学ばなくてはならない。

特に孫子は急務である。

武士道については新渡戸稲造が書いてくれている。論語の教えの大切さも日本人にだけよく合ってよく広まっていることもわかった。

ただ孫子は、意識的に学び、血肉化しなくてはならない。自衛のためにも、その戦いに勝つために必要である。

それこそが、現代を生きている私たち日本人の使命であろう。


ところで、孫子と呼ばれる人物は、実は二人いたのである。

その一人は、「孫武《そんぶ》」である。

司馬遷の『史記』によると、孫武は斉《せい》（今の山東省あたり）の出身で「春秋時代」（紀元前七七〇年〜前四七年）に活躍した。

呉《ご》（今の江蘇省、上海市の大部分、安徽省、浙江省の一部）の王である闔廬《こうりょ》に将軍として仕えた。呉が楚《そ》を破った紀元前五〇六年前後を生きていたとされる。

孫武が世を去って一〇〇年たち、その子孫である孫臏《そんぴん》が登場する。

孫臏は春秋の後の「戦国時代」（紀元前四七五年〜前二二一年）に活躍し、斉の全盛時代を築いた威王《いおう》と将軍田忌《でんき》に軍師として仕えた。

一三篇からなる現存する『孫子』については、その著者が孫武であるのか孫臏であるのかがいろいろな立場から争われてきた。

ところが一九七二年、山東省にある前漢（紀元前二〇二年～紀元八年）前期の墓群から、孫子の兵法書と孫臏の兵法書がそれぞれ出土した。そこから、『孫子』はやはり孫武の書であったと見られている。

なお、現在の一三篇からなる『孫子』は、『三国志』で有名な英雄の一人、曹操（魏の武帝・一五五年～二二〇年）が選び、まとめたとされている。

ただし、秦・漢時代の史料に散見される孫子の言葉の引用のすべては、この一三篇を超える内容のものはなく、また墓群から出土した孫子の兵法書も基本的に今に伝わる一三篇からなる『孫子』と大きく変わらない。

曹操は内容的には手を加えていないとみることができる。

本書は、孫子のほとんどの原文から紹介し、わかりやすい訳と解説を旨とした。そういう意味で、孫子の入門書として最適なものにできたと自負している。ゼロから始めて、孫子の全容が学べて深い理解も得られるはずである。

ぜひともよく読まれて、皆様の実生活に生かされ、日本とともにあなたの人生が向上することを願っている。

遠越　段

第一章

計篇

勝利の基本

第二章

作戦篇

迅速に勝つ

第三章
謀攻篇

戦わずに勝つ

第四章
形篇

勝つべくして勝つ

第五章

勢篇

第六章

虚実篇

第七章
軍争篇

機先を制する

第八章
九変篇

臨機応変に対応する

第九章 行軍篇

人員の配置

第十章 地形篇

環境の利用法

第十一章

九地篇

戦う環境の分類

第十二章 火攻篇

火攻めの方法

第十三章 用間篇

スパイを活用する

The Art
of War by
Sun Tzu

第一章
計篇
――勝利の基本

01.

戦いは重大な事
慎重に考え抜き
決定する

孫子曰く、戦争は国の大事であり、
人の生死がこれで決まったり、
国の存亡にかかわったりする。
だから、慎重によく考え抜いて
行わなければならない。

【解説】

孫子は、戦争は人々の生死そして国家の運命を決めるから、よくよく考えてやらねばならないとする。

確かに、戦争を行えば人も国も失われたり、滅亡したりする。

しかし、まったく戦争をやらないというのも、敵にあなどられ、やはり国の滅亡も招くことになるだろう。

ということは、戦争のことは、考えないことなど許されない。

戦争をやるやらないも含め、どうすべきかをいつも考えなくてはいけない。

これは、個人レベルの戦いにおいても同じだ。

戦いなしに、自分の人生でやりたいことをやれなくなる。

また、こちらが望まなくても、必ずライバルは色々な形で戦いを仕掛けてくる。

だからこそ、孫子は、**絶対に勝つための策を考えよう**というのである。

孫子の述べることを身につけていくことで、必ず私たちは勝つようになるのだ。

02.

敵やライバルと比較すべき五つの事

五つの事を敵と比較し、計算し、
敵と味方の真の実力を知らなくてはいけない。
その五つの事とは、
第一に道、
第二に天、
第三に地、
第四に将、
第五に法のことである。

【解説】


戦いや戦争には必ず勝たなくてはならない。

だから勝つという意志は大切だが、それだけではいけない。

合理的に、冷静に判断しつづけなくてはいけない。

第二次世界大戦でパットン戦車隊として有名になったアメリカのパットン将軍の言葉として有名なのが、**「計算されたリスクをあえて冒せ。それは無謀であるのとは大きく違うことである」**というものである。

戦いである以上、勇気を持ち、リスクを冒していかねばならないこともある。

と同時に、常に計算するという合理性を併せ持たなくてはいけない。

こうして勝利は、一歩一歩確かなものとなっていくのである。

日常生活において、この五つをライベルたちの上にいくようにしていく過程こそ、あなたの人生向上に直結することになる。

03.

優れたリーダーがいて、全員が一体の組織は強い

道というのは、
民と上の者との心を一つにするということである。
そうすれば民は上の者と心を一つにして、
危険をおそれず背くこともなくなるのである。
天とは、陰陽や気温や時節のことである。
地とは、戦場までの距離の遠近、地形の険しさ、
進退など動きが自由に取れるか
（戦闘をする際の有利不利）である。
将とは、将軍の智恵・智謀、

The Art of War
by Sun Tzu

計

信義（賞罰などに関して言ったことを必ず実行すること）、
兵士への思いやり、勇猛果敢、威厳のことである。
法とは、軍の編成、官職の配置、
物資の運用についてのきまりのことである。

以上の五つのことについては、
将軍たる者は
だれでも一応は知っているはずだが、
これを本当によく理解し実践するものが
戦争に勝ち、
よく理解できず実践できない者は
負けるのである。

【解説】

戦いでは、常に戦力が上であるようにしなくてはいけない。孫子はいくつかの基準でもって、敵と比べて優位に立てるようにしておくことを強調している。

そして、その中において、人心が一体であることと、将軍の資質が優れていることも大きな事項、要素と見ている。

特に、現代は総力戦である。国民が協力し一致団結すること、そして国民の能力と経済力も強くないと戦争には勝てない。

そして**さらに重要なのは、将軍の資質である。将軍の資質として挙げる五つのこととは、よいリーダーに求められる資質でもある。**

この優れた資質を持つリーダーの不足が、現代日本の悩みだ。

一国民、一兵士たちは、世界一優秀だが、トップ、リーダーに難がある。これは社会システムの欠陥である。

以上のことは、私たちビジネスの戦いにおいてもまったく同様のことがいえよう。あなた自身が勝っていくために、自らよいリーダーとなるか、よいリーダーを見つけ、その下で努力するようにすべきだ。

計

04. 七つの事項で実力を比較し、対策を立て、決めていく

敵国と自国を比較するのには
計算を用い、
敵国と自国の実情を求め
知らなくてはいけない。

そのさらに具体的な内容は、

① 主君はどちらが賢明な政治を行っているか、
② 将軍は、 どちらが有能であるか、

③ どちらの国が天の時と地の利を得ているか、
④ 法令はどちらがきちんと整備され、行われているか、
⑤ 軍隊はどちらが強いか、
⑥ 兵士はどちらがよく訓練されているか、
⑦ 賞罰はどちらが公明に行われているか、

である。

私は、これらのことによって勝敗がわかるのである。

【解説】

敵に勝つためには、客観的に勝てるだけの力をつけなくてはならない。

基本的には前項で述べた五つの基本事項を基準として比較していくが、比較計算するときにおいて、ここに述べるように七つの方法で計算していく。

こうして、勝てるために実力をつけておかなくてはいけない。

もちろん勝敗は時の運もある。

しかし、そんな**時の運を頼りにしていてはいけない。**

戦いに勝つことは目標である。そして必ず実現しなくてはいけない。

この目標に向かって、**いかに準備をしていくかで力をつけるのだ。**

これは軍隊だけのことではない。

個人においても会社においても目標を立て、それを実現するために必要な努力を知り、それを身につけていく。これなくして人生の充実はない。

このことで実力をつけ、成長できていくことになるのだ。

05. トップの役割、度量

もし主君が
私の計算・計略を採用してくれるならば、
私がその軍隊を用いて
必ず敵に勝つであろう。
だから、私はこの国に留まる。

もし主君が
私の計算・計略を採用しないのであれば、
私を用いても必ず敵に敗れるであろう。

計

であるならば、私はこの国を去ろう。

私の計算・計略が有利であるとして
採用されるならば
国内の体制はできるから、
つぎに、軍に勢いをつけて
外側からの助けとしよう。

勢いとは、有利な状況に従って
臨機応変の措置をとり、
勝利を確実に
こちらのものにすることをいう。

【解説】

孫子のいうように、勝つためには、勝利に導いてくれる将軍を選び、（戦争の目的・目標の大きな方針さえ間違っていなければ）あとは将軍の裁量、考えに任せるべきだ。

戦争目的を達せないと判断したら、将軍、リーダーを変えなければならない。

トップは戦略や細かな戦術に口を出すようではいけない。

勝つための策をじっと見つめておくべきだ。

将軍、リーダーは、戦争目的、目標に向かって準備を整えて、「これで勝てる」という計算が立ったら戦争を仕掛けるのだ。

あとは、戦況に応じて、的確に判断し、具体的な策を講じていかなくてはならない。こうして勝利を確実にするのだ。

トップ、リーダーがだめで変わらないなら、あなたも居場所を変えるのが賢明である。それが人生成功のためだ。

幕末の薩摩藩においての西郷隆盛と島津久光の関係をみるとよくわかる。

最後は西郷将軍に任せることで、倒幕という目的はすべて実現したのだ。

計

06. 戦いにおいては、敵を欺け

戦争とは敵を欺く行為である。
だから、自分に能力があっても
敵には能力がないように見せ、
ある作戦を用いるときも
敵にはそれを用いないように見せたり、
自分の軍が近くにいても
敵には遠くにいるように見せたり、
遠くにいても、敵には近くにいるように
見せかけなくてはいけないのである。

【解説】

戦争に勝つためには、まず情報戦を制しなければならない。

つまり敵を欺くことが肝となる。

これは日本人の苦手とするところである。

国民の資質あるいは個人の資質としては、日本人の正直さは最大の力となる。

ところが、戦争や戦いとなると、何としても勝つ必要があり、敵にこちらの力や作戦を正直に教えてはいけない。

この点、欧米や中国などは戦争に明け暮れてきたことから、相手を欺き、相手の情報を盗むのがとてもうまい。

軍事衛星や情報収集をする飛行機などの活用とともに、人を介しての情報戦を日本人はこれから鍛えていかなくてはならない。

きれいごとだけでは、いくら日本が先進国でも、敵国にやられてしまう危険がある。

最近でも韓国や中国による先端技術の産業スパイが頻繁に行われ、日本の技術がよく盗まれていることは、戦いに勝つということから考えると、許されることではない。これに負けないだけの精神力と具体的な対策はいつも忘れてはいけない。

The Art of War by Sun Tzu

第二章 作戦篇

――迅速に勝つ

07.

敵が備えず、予想もしていないところを臨機応変に攻める

敵が利益を欲しがっていたなら
利益を見せて敵を誘い出し、
敵が混乱しているときは
一気に攻めおとし、
敵が充実しているときは
それを防備し、
敵が強いときは
それを避け、
敵が怒っていれば

作戦

それをさらにかきたて混乱させ、
敵がこちらが自ら卑しめるのを受け入れれば
そうして驕りたかぶらせ、
敵が十分に休養をとっているようであれば
それを疲労させ、
敵が仲よければ
それを分裂させる。

こうして敵の備えていないところを攻め、
敵の不意を衝くのである。

これが戦争に勝利する方法であるが、
これは臨機応変に行う必要があり、
戦う前から予想し、
伝えられるものではない。

【解説】

常に敵の裏をかいたり、敵を油断させたりして、勝機を手にすることが大切である。

戦争に勝つためには何でもする覚悟を持ち、智恵をしぼらなければいけない。

ギリシアの詩人ホメロスが『イリアス』に描いたトロイ戦争において、スパルタ軍が勝利したのは、「トロイの木馬」で敵の油断を招き、不意を衝いたからである。

中国や韓国が、日本の法やマスコミの弱点をつき、日本人の国会議員、マスコミ関係者や先端技術の技術者を、お金やハニートラップで抱き込み、自国の発展強化と日本の弱体化を進めてきたのは周知のとおりである。

ここらで日本人もしっかりと「兵は詭道《きどう》なり」の教えを根づかせ、発展させなければいけないだろう。

そうしないと、国を失うこと、会社を潰すこともあるだろう。

また、あなたの人生において悪賢い奴らにひっかけられないために、あなた自身も、この知恵をよく知らなくてはならない。

作戦

08. 有利な点が多ければ勝ち、少なければ負ける

自国と敵国の計算をしたとき、
有利な数字が多ければ自国は勝ち、
少なければ自国は負ける。
ましてや、
勝てる数字がまったく出ないというのであれば
勝つはずもない。

【解説】

戦いは気力だけでは勝てない。**勝つための合理的な根拠があってこそ気力も生きる。**

日露戦争当時の日本軍上層部は、皆、孫子を学んでいた。だから有名な東大の七人の博士たちが「戦争をやれ」とあおっても児玉源太郎たち軍のトップは「戦争をするには大砲の数を計算しなくてはいけないのだ」といい返した。こういう姿勢が勝利をよんだ。しかし、前の戦争におけるアメリカとの戦いでは、結局この計算を無視したことで負けたといえる。なぜこの計算を無視した結果になったのかをよく研究しなくてはならない。私見だが、国民世論、とくに新聞にあおられた世論で、米英と戦うべしとなってしまったのだろう。当時の新聞、雑誌を読むと、早くドイツと組んで米英を討てと熱狂していた。ソ連のスパイ戦術、中国のアメリカでのロビー活動、情報戦にやられた面も大きい。マスコミなどの世論操作が、国を誤らせることを、今こそよく国民一人ひとりが学ばなくてはならない。ビジネスにおいても、やたら「戦え」と声高に叫ぶ人の意見に左右されずに、勝つための策を日ごろから粛々と立てていくことが大切である。戦いは勝つためのゲームと考え、日ごろから楽しみかつ、冷静に対処していきたい。

09. 戦いは、長引かせない

孫子曰く、
戦争をするとなれば、
戦車千台、輜重車《しちょうしゃ》（物資を運ぶ車）千台、
武装した兵士十万人を出動させ、
さらに千里もの遠方まで食糧を送らなければならない。
こうなると国の内外での費用や外交使節などの費用、
兵器を補修するための「にかわ」や「うるし」などの材料、
戦車や鎧などの補充で一日に千金もの大金が要る。
これではじめて十万の軍隊が動かせるのである。

その大軍が戦争を行って勝ったとしても、
それが長引けば軍隊を疲れさせ、また、鋭気をくじき、
さらに城を攻めることになれば戦力を消耗してしまい、
そして、長い間軍隊を戦場にさらすということは
国の経済力を弱めることになる。

軍隊が疲弊し、鋭気がくじけ、
戦力が尽き、経済力が弱まれば、
外国の諸侯たちがその機に乗じて兵を挙げ、
攻めてくることにもなる。
こうなればいくら知恵がある人でも
収拾がつかなくなるものである。

【解説】

とにかく戦争にはお金がかかる。戦いは、精神的にも、経済的にも、大変疲れる。

まずは人件費をまるごと負担しなくてはならない。

日本は現在とても兵士の数が少ないが（そもそも国軍ではなく〝自衛隊〟であるが）、それでも二〇数万人の精鋭の若者を必要とする。

次に、兵器は最新鋭のものなどはとても値段が高い。

開発費を含めると大変な負担となる。

しかし、国家の存続にかかわることだから、どこも国家予算のかなりを支出する（日本は例外的にわずかGNPの１％程度だが）。

これが戦争になると、その高い軍費はさらに一気に莫大なものとなる。現に人を動かし、兵器を消耗することになるからだ。

今のアメリカを見てもわかるように、この戦費によって国の経済も大変なことになる。人生一般の戦いにおいても同じであり、かなりシビアな消耗となる。

だから、**戦いや戦争は長引かないようにするのが鉄則となる。**

戦争が長引くと、兵を疲れさせ、志気を下げ、お金がかかりすぎて、別の敵を生むなどの弊害が起きやすい。持久戦というのは、どんなにすばらしいリーダーがいても難しいことを知っておきたい。すべてが悪循環となっていくからである。

ナポレオンは「孫子」を読んでいたといわれる。

はじめのころは教えを活かしていたようである。だから強かった。

ところが、自分の才能に自信を持ちすぎたのか、後には孫子を離れた無謀な戦い方をするようになり、ついには勝てなくなってしまったのである。

特に、各部隊の細かな指揮まで自ら行ったり、冬にまたがるロシア遠征などの長期戦によって兵を疲れさせ、国力を弱めていってしまったことなどは、孫子の強く禁じたことだった。

なお、現代のビジネスでは、訴訟も戦いの一種であるが、これも費用がとてもかかる。

訴訟にならないように、そしてたとえなったとしても、迅速に勝てるように情報収集や人間関係の日ごろの対策が必要となる。

作戦

10. 戦いは時間の勝負だ 完勝でなくても 早く切り上げること

戦争は、多少の問題があって
早く切り上げて終わらせるという事例はあっても、
うまくやって長引いた事例はない。
そもそも戦争が長引いて
国家に利益があったということはないのである。
したがって、
戦争の害を知りつくしていない者には
戦争の利も知り尽くすことができないのである。

【解説】

戦争は異常な事態であり、国家の総力戦が必要となる。

そのとき、完全に勝つことを目指すよりも、**完璧でなくても早く切り上げる勝ち方をめざしたい。**


そうしなければ国の損害が利益よりも大きくなるからである。

孫子のこの考え方からすると、日露戦争は評価できるが（早く切り上げ何とか勝利したといえる）、アメリカとの戦争はいかにもまずいものであった（長引いてしまい、しかも最後に敗れてしまった）。

このためにも、戦争の目的をみんながよく理解しておかなくてはならない。

目的を達するために、そして早く終わらせるために、冷静に、そして全力を尽くさなくてはいけない。

日常生活で戦う場合も、その目的をよく検討し、立てたうえで、それを少しでも早く実現できることに主眼を置くべきだ。

作戦

11. 国民があまりに貧しくなると、戦いは勝てなくなる

上手に戦争を行う者は、
国の民衆に二度も兵役を求めず、
国内の食糧を三度も前線に送ることはしない。
軍需品は国内で調達するが、
食糧は敵地で調達するのである。
だから食糧は十分に確保できる。

国家が軍隊のために貧しくなるのは、
遠くまで食糧などの物資を送るからである。

遠くまで輸送すると
民衆はその負担から貧しくなってしまう。
戦争が国の近くで行われようとすると、
その近くでは物価が高くなり、
そうなると民衆は蓄えがなくなり生活が苦しくなる。
民衆の蓄えがなくなれば、
軍需品の徴発も難しくなる。
こうして軍隊の戦力も尽きてしまい、
国内では国家の財政が尽き果て、
民衆の家には何もないという状態になる。
民衆の生活費は十分の七が失われ、
朝廷の費用においては、
戦車が壊れ、馬は疲れ果て、
鎧や兜や弓と矢、そして楯や矛や大楯、
さらに運搬用の牛や車の調達で
十分の六が失われる。

作戦

したがって智将と呼ばれる将軍は遠征をしたら
できるだけ敵の食糧を奪って
兵に食べさせるのである。

敵の一鍾《いっしょう》（約五〇リットル）を食べるのは、
自分の国の二〇鍾（約一〇〇〇リットル）を
食べるのに相当し、
敵から得た牛馬の飼料である
豆がらや藁《わら》一石（約三〇キログラム）は、
自分の国の二〇石（約六〇〇キログラム）に相当する。

【解説】

戦争は、通常の生活、経済活動の他に余計に行われるものである。それだけでもお金がかかるものだが、それに加え、人員や敵を倒せるだけの兵器もいる。

こうして戦争は莫大な費用がかかるものであることを、よく知っておかなければならない。

たとえば日本も、アメリカとの戦争を四年も戦いつづけることによって国内経済は完全に破綻してしまった。

日本に勝利したアメリカも、その後ベトナム戦争（一九六〇年～一九七五年）が長期化してしまい、国民の不満や無気力を招き、社会の活力も低下した。財政負担も大きなものとなり、アメリカの国力低下の始まりとなった。そしてアフガンやイラクへの出兵で、アメリカの衰退は決定的となった。

このように、**戦争は、国民の生活を犠牲にし、国家の経済力を低下させ、場合によっては破綻させてしまうほどのものであることを忘れてはいけないのである。**

私生活での戦いも同じである。このことをよく知り、人生全体でのバランスをよく考えて、ライバルとの戦いも考えたいものだ。

作戦

12. よいリーダーは組織の財産である

敵を殺すのは
奮い立つ心であるが、
敵の物資を奪い取るのは
自分たちの経済的利益のためである。
だから戦車の戦いで
敵の戦車を十台以上捕獲したときには、
その最初に捕獲した者に賞を与え、
敵の旗印を味方のものに換えて、
味方のものと一緒に使うようにし、

降参してきた敵兵は
優遇して養うようにする。
これが敵に勝って
ますます強くなるということである。

このように、
戦争は勝つべきだが
長期戦は決して評価されるものではない。
したがって戦争の利害をよく知る将軍は、
民衆の生死を左右したり、
国家の安全と危険を左右する
最も重要な立場にいる人なのである。

【解説】

戦争はお金がかかり、経済活動に影響を及ぼしてしまうものである。だから敵を撃ち破ることを考えつつも、**自国の利益のことも忘れずにいなくてはいけない。**

戦争の目的の達成においては、自国のいかなる利益を守り、あるいは利益を得るために行うのか、また個々の戦いにおいても、いかに効率よく行うのか、お金をかけずに勝利を手にするのかを考えておかなくてはいけないのである。

こうしてみると、このような経済面も考慮しつつ勝利をもたらす将軍、リーダーというのは、まさに国や組織の大切な財産といえる。だから「真の国の英雄、宝物、会社などの組織のヒーロー、財産」といわれるのだ。

The Art of War by Sun Tzu

第三章 謀攻篇

——戦わずに勝つ

13. 敵とは、戦わずして勝つようにする

孫子曰く、
およそ戦争のあり方としては、
敵国と戦わず
敵の国力を保全したまま勝つのが最もよく、
敵国と戦いこれを打ち破るのは
これに次ぐものである。

敵の軍団と戦わず
敵の兵力を傷つけないまま勝つのが最もよく、

謀攻

敵の軍団と戦い打ち破るのは
これに次ぐものである。
敵の旅団を保全したまま勝利するのが最もよく、
敵の旅団を破って勝つのはこれに次ぐものである。
敵の大隊を保全したまま勝利するのが最もよく、
敵の大隊を破って勝つのはこれに次ぐものである。
敵の小隊を保全したまま勝利するのが最もよく、
敵の小隊を破って勝つのがこれに次ぐものである。

【解説】

敵国を打ち破り、戦争に勝つのは華々しく見えるが弊害もある。まず、自国の兵を一部にしても消耗させ死なせてしまう。そして、敵国の人に憎まれたり、国土を破壊してしまい復旧にお金がかかることにもなるからだ。

だから、**「敵と戦わずに勝つ」**ということを理想のあり方として目指すべきである。

ケンカはしないほうがいいに決まっているのだ。

ケンカをせずに、こちらのいうことをわかってもらえるようにする、あるいは、譲れないところを理解してもらえるようにするのが一番いいのである。

こうしてみると、戦争は外交の一手段にすぎないというクラウゼヴィッツの『戦争論』が正しいのがわかるし、ドイツの宰相ビスマルクと参謀総長モルトケのコンビがいかに優れているかも孫子から証明される。

日本人の一番苦手とするところだが、世界はこれで動いている。私たちの一人ひとりが「戦わずにうまく勝つ」ことを日ごろから考えていきたい。

謀攻

14. 百戦百勝は、最高の勝ち方ではない

百戦して百勝するというのは
最高の勝ち方ではない。
戦わないで敵の軍隊を屈服させるのが、
最高の勝ち方なのである。

【解説】

ケンカをするからには勝たなくてはいけない。

しかし、いつもケンカに勝っている人が一番強くて偉いかというと、そうではないだろう。

ケンカが強いのは〝番長〟と呼ばれ、一目置かれるかもしれないが、社会におけるリーダーには決してなれない。

世の中では、ケンカばかりの人は二流と見なされる。

ケンカはいつも勝つとはかぎらない。１％でも負ける要素があるならば、やらないで、その力を背景にして戦わずに、他の方法で勝てば申し分ない。

戦争をすると、必ず失うものがあることを、よく知っておくべきだ。

謀攻

15. 謀略をもって敵を打ち破るのが最もよい戦略である

最善の戦略は
智謀をもって敵を破ることであり、
その次は
外交戦略をもって敵を破ることであり、
その次は
敵の軍隊を破ることであり、
最もまずいのは
敵の城を攻めることである。
城を攻める方法はやむを得ない場合に限る。

【解説】

豊臣秀吉が天下人となれたのは、智謀まさに湧くがごとしの武将であり、かつ外交戦略がうまかったためである。

本能寺の変を聞くやすぐさま毛利軍と上手に和解し、明智光秀を電光石火のごとく討った。また、強敵の徳川家康には智恵を使い従わせることができた。

また、軍師としても有能な竹中半兵衛、そして黒田官兵衛を重用したのである（この二人は、まさに孫子をよく学んでいたに違いない）。

敵を武力で破るより、智謀をめぐらせる勝ち方を優先したためにライバルの家康も秀吉によく従ったのである。

孫子の時代から現代まで、いつも力ずくで押し通す人はいつか必ず足元をすくわれることは変わりのないことである。

この**戦わないで勝つ**のが苦手なのが現代の日本人である。

理由はいくつかあるが、一つは、戦いの実践にとても強いこと、もう一つは、正直すぎて謀略をよしとしない国民性できたからだ。

そこで、孫子をよく学んでその欠点を補わなくてはいけないことになるのだ。

謀攻

16.

城攻めは味方の損害が大きいため、慎重に決すべきだ

城を攻めるための大きな装甲の四輪車や他の攻めの道具を準備するには三ヶ月もかかり、攻撃用の陣地（土塁）をつくる作業もまた三ヶ月かかってしまう。

将軍はいらいらしてだんだん怒りが増し、兵士たちに一気に城壁をよじ登って攻撃するよう命じると、兵士の三分の一が戦死しても城が落ちないということにもなる。

これが城攻めの危険なところである。

【解説】

日露戦争で有名な二〇三高地をめぐる戦いは、まさに**城攻めの難しさ**を教えてくれる。

英雄・乃木《のぎ》希典《まれすけ》将軍は、この戦いで万を越す日本兵を戦死させ、自分の息子二人も失った。後世、その人格のすばらしさは否定されなかったものの、将軍としての資質を問う人も多い。敵の守りが固いところ、すなわち城などを攻めるときは、味方の損害を考えて慎重に慎重を重ねて作戦を考えるべきであろう。

ただ乃木将軍を弁護すると、旅順は必ず落とさなければ日本にとって致命傷となりかねなかったし、また本部の決定であることで、他に策は考えにくかったのだ。そう考えると、どんな優秀な将軍でも難しかっただろう。日露戦争直後の戦いでも（たとえば、この戦いを参考にしたはずのクリミアにおけるセヴァストポリの戦いなどでも）、攻防戦はやはり大変な損害を出している。

だから賢い明治天皇はよくこのことを知り、乃木将軍を代えることを承認しなかったのだ。それにしても、正面からの城攻めよりも謀略で勝ちたいものだ。

謀攻

17. 実力者・智恵者とは強い自己抑制力のある人のことをいう

戦争が上手な人は
戦わずに敵の軍隊を屈服させ、
攻めることなく敵の城を落とし、
長期戦によらずして敵の国を破る。
こうして敵も味方も傷つけることなく天下をとる。
そうすれば味方の軍隊は痛手を負わずにすむし、
利益は完全なままで獲得できる。
これが知謀をもって攻めることの法則である。

【解説】

人生は戦い、そして競争である面があるから、心を張り、いつでも戦えるぞとの気概は必要である。

しかし、その気概がすぐ行動に出てしまい、相手（敵）と力ずくの戦いをするようではいけない。

最もよい生き方は、自分も相手も傷つかずに勝利することである。

これには強い力に加え、強い自己コントロール力が求められるのである。

その上で、幅広い知性と知識を身につけなければならない。

こうして本物の戦いの実力者は、どの分野の人より優れていなければならない。

だから真の意味での国の宝なのである。ビジネス上もこうしたリーダーは国家の宝であり、会社、組織の財産といえる。

本当の実力者・知恵者とはこういう人のことをいう。

謀攻

18. 力が圧倒的優位になければ、正面から戦わない

戦争における作戦の法則としては、
兵力が敵の十倍であれば敵を包囲し、
敵の五倍であれば敵を攻撃し、
二倍であれば敵を分裂させて戦い、
等しければ敵とうまく戦い、
少なければうまく逃れるようにし、
すべての面で敵に及ばなければ、敵との衝突を避けるようにする。
だから小部隊が強敵と無理に戦えば、
敵の捕虜になるだけである。

【解説】

織田信長は、奇襲攻撃で勝利した桶狭間の戦い以外では、**兵力が優位でないときの戦いはしない**との原則に従っていた。

甲斐武田軍に対しても、勝てるようになるまで、ご機嫌とりばかりしていた。だから信長は孫子を読んでいたといわれる。

智謀を使う前提としても、まず兵力の優位は戦いに欠かせない。こちらの兵力が小さいときは、大きく優位になるまでは戦いを避けることを考え抜くべきである。

こちらの兵力が劣るときは戦わず、近隣との友好関係や協定を結ぶようにする。

戦わざるをえないときや攻められたときは、全体では兵士が負けても個々の戦いでは兵力を優位に立てるようにすべきである。

こうして勝てる戦いに持ち込んでいき、状勢が変わるのを待つのである。

中小企業が大企業と戦うときも同じように考えなくてはいけない。

個人でも、何とか得意な面での勝負に持ち込むようにすべきだ。

19. トップと補佐役の関係がよいと組織は必ず強くなる

謀攻

そもそも将軍とは国の補佐役である。
補佐役が主君と密接であれば
その国は必ず強くなり、
補佐役と主君の間にすき間があれば
国は必ず弱くなる。

主君が軍隊に問題を起こしてしまうものに次の三つがある。
第一は、軍隊が進撃してはいけないことを知らないで

進撃せよと命令し、
軍隊が退却してはならないことを知らないで
退却せよと命令することである。
これを軍隊の行動を束縛するという。

第二は、軍隊の事情を知らないのに
将軍とともに軍政を行い兵士たちが迷ってしまうことである。

第三は、軍隊の臨機応変の処置もわからないのに
軍隊の指揮を将軍と同等に行おうとして
兵士たちが疑いを持ってしまうことである。
軍隊が迷ったり、疑ったりすることになれば、
周りの諸侯たちが兵を挙げて攻めてくることになる。

これらが、軍隊を混乱させて
自ら勝利を潰すことになるものである。

【解説】

主君とは、企業であれば社長である。将軍とは、部門のトップ責任者といってよいであろう。孫子は、**権限の所在は主君にあって、その信認を得た将軍との関係が密で、信頼関係が厚い組織は必ず強くなるという。**

逆に関係が密でなく、あるいは、主君が将軍を信用しなければ必ず組織は弱くなるといえる。

主君や企業の社長が、部門の責任者を無視してあれこれ現場に直接口を出すことは現場の混乱を招き、組織を弱くする恐れがある。

もし社長が部門のトップを信頼できないのであれば、直接現場を指揮するのではなく、部門のトップを交代させればよいのである。

有能で信頼できるトップを置かないかぎり組織は弱くなるのである。

また、主君や社長などの最高権力者が犯してしまいがちなミスは、将軍や部門のトップに、能力や器量に秀でた人ではなく、口のうまいお調子者を据えてしまうことである。

信頼の前提は、戦いや競争に勝てる将としての能力を有していることなのは当然である。

20.

有能な長に権限を委譲し、任せるべきである

勝利を知るためには五つの要点がある。

戦うべきか戦わざるべきかを知る者は勝つ。
兵力の大きい場合と小さい場合の使い分けがわかる者は勝つ。
上の者と下の者が心を一つにしていれば勝つ。
こちらはよく備えておいて、油断している敵と対すれば勝つ。
将軍が有能で、主君がそれに干渉しなければ勝つ。

これらの五つが勝利を知るための方法である。

【解説】

孫子は勝利を知る要点として五つを挙げている。

その最後に将軍、すなわち自分を補佐する長に有能な者を用い、その長に権限を与え、あれこれ干渉しないことを求めている。

それは、時に権力者が陥りやすいミスの一つである。

成果をあげるには信頼関係が大切であり、無意味な、余計な干渉をしないことである。

また、孫子が教える戦争についての原則をトップリーダーもよく知り、それをよく実践することが大切である。

人間関係や、自分の欲にふりまわされて物事を決定し、人事を行うようになれば、戦争や戦いに勝利することはできないだろう。

21. 敵を知り、おのれを知れば、必ず勝つ

敵のことを知って自分のことを知るならば、百回戦っても百回勝てる。自分のことを知って敵のことを知らなければ、一回勝っても一回負ける（五分五分）。敵のことを知らないし自分のことも知らなければ、どの戦いも負ける可能性が高いだろう。

【解説】

自分のことをよく知ることは結構難しい。ましてや敵やライバルのことを正確に知るのはかなり難しい。しかし、これができるかできないかが勝敗を分ける。

勝利を確実なものにするには、敵を知り、おのれを知ることである。

ここの文は、『孫子』の中でも一番有名な箇所である。

現在でも、中国の人民解放軍の参謀本部にはこの**「彼《かれ》を知り己《おのれ》を知れば百戦して殆《あや》うからず」**という額が掲げられているそうだ。

敵やライバルを知るためには、多くの手段を用いるべきである。そしてどうしても敵の評価は厳しく、自分の評価は甘くなりがちである。

この難しい課題をこなすためのルールをつくる必要もあろう。冷静かつ有能な師やアドバイザー（しかも敵に通じない、信頼できる）を用いるのもよいだろう。

しかし、最後は自分にその態度があるかだ。よく自分と敵の力を判断して準備をととのえていくように努力しなければならない。

The Art of War by Sun Tzu

第四章

形篇

——勝つべくして勝つ

22.
まず守りをしっかりせよ

孫子曰く、
昔において戦いが上手な者は、
まず味方を固めて敵に勝たせない態勢を整え、
そして敵が弱いところを見せ、
こちらが確実に勝てる時期を待つようにした。
敵に勝たせない態勢を整えるのは自分のすることだが、
敵に必ず勝てるかどうかは相手しだいである。
そのため、戦いが上手な者でも、
敵に勝たせない態勢をつくることはできるが、

形

味方が必ず勝てるような状況を
敵につくり出すことはできない。
だから勝利は予測できるが、
それを必ず実現することはできるものではないと
いわれるのだ。

敵に勝たせない態勢とは守りのことであり、
敵に必ず勝てるとは攻撃のことである。
守るのは戦力に不足があるからで、
攻撃するのは余裕があるからである。
守りの上手な者は、大地の奥深くに潜むように隠れ、
攻撃の上手な者は高い空から舞い降りるように行動する。
だから味方を安全に守って、
しかも完全な勝利をおさめることができるのである。

【解説】


戦いは守りと敵への攻撃からなる。

このうち守りというのは自分でできることである。

敵への攻撃は相手があることだから、いつもこちらの思うようにいくものではない。

となると、戦いに負けないためには、まず自分のほうで絶対に敗れないような守りを固めておくようにすべきだ。

概して日本人は攻撃は得意だが、守りになると弱いといわれている。

やはり日本人は生きる覚悟、戦う覚悟を持ち孫子をよく学ぶことだ。

守りは絶対に必要なのだ。その上で、敵の状況を正確に把握しておくことだ。

次にこちらの戦力が十分にあって、攻撃のチャンスを見出したときに鋭く突くようにすればいい。これが、自分が負けない戦い方の、あるべき姿である。

なお、守りにおいては敵に気づかれないように着々と進めることが求められる。守りを固めているのが知られると、その完成前に敵は攻めようとするかもしれないからだ。

また、同じく攻撃するときも敵に気づかれないように準備し、一気に攻めるようにするのである。

形

23. 有名な人が実力者とはいえない

戦いにおいて勝因を分析するのに、一般の人の判断と同じにとどまるのでは、最も優れた者とはいえない。
戦いをして勝ち、天下の人がすばらしいと誉《ほ》め讃えるのは、最も優れた者ではない。
つまり、軽い毛を持ち上げられるからといって力持ちとはいえず、
太陽や月が見えるからといって目が鋭いとはいえず、
雷の響きが聞こえるからといって耳がとてもよいとはいえないのである。

【解説】

ここの孫子の見方によると、三国志の英雄である諸《しょ》葛《かつ》孔《こう》明《めい》は、最高の戦い上手ではないかもしれない。いつも神業のごとく智謀を繰り出し、危機を乗り越え、憎き曹操と戦う。

一方曹操は孫子研究の第一人者であるだけあって、いつも余裕をもって戦っているように見える。最高の戦い上手はあたりまえのように勝つから、智謀の名声もない。ビジネスでも同じだ。たとえばアサヒビールの奇跡の成長は樋口《ひぐち》廣《ひろ》太郎《たろう》の功績として知られていて有名だ。しかし、本当はその前の村《むら》井《い》勉《つとむ》社長がすべてを変えたのだ。村井氏はどこへ行っても勝つべくして勝ったが、そのため無名の人である。

孫子の兵法に学んだからには名前が知られているかどうかで人物を評価せず、**いかに勝つ状況をつくり出してから勝っているかどうか**に注目したいものだ。それで本当の実力がわかる。

形

24. 有能なリーダーは、当たり前のように勝つから目立たない

昔の戦い上手といわれている人は、
勝ちやすい状況で
勝ったのである。

だから戦い上手の人は、
勝っても智謀の名声も
武勇の功績もないのだ。

しかし戦えば間違いなく勝つ。

間違いなく勝つのは、
必ず勝つ態勢を取り、
すでに敗れるのが見えている者に
勝つからである。

だから戦いの上手な者は、
絶対に負けないという態勢をつくっておいてから、
敵の敗れる機会を見逃さないのである。

勝つ軍隊はまず勝利を確実にしてから戦うが、
敗れる軍隊はまず戦ってみてから
勝利を求めようとする。

【解説】

パフォーマンスのうまい者は大したことはない。

大事なのは自分の栄達や名誉であって、戦争目的を遂行することは二の次になってしまうのだ。

こういうリーダーを頂くと大変なことになる。

人気はあるから、期待は大きく、また過大評価しがちとなる。

前の戦争における山本五十六連合艦隊司令長官などよい例だ。

真珠湾攻撃奇襲の作戦ミス（戦略ミス）を犯したが、国民は熱狂して、「さすが山本」といった。ミッドウェーの戦いでも、明らかな戦術ミスで日本の敗戦を招いた。

当時の海軍戦力であったら全力で戦うべきだったのだ。日本の名将は概して無名である。

ここでの孫子の教えを国民もリーダーもよくよく研究し、体にしみ込ませておくべきだ。

勝つべくして勝てるようにしていかなくてはならない。

25. 戦いが上手な人は、政治的手腕や統率力に優れている

戦いが上手な者は、
人心を一体にするようにし、
軍の法制・規律をよく守らせるようにする。
だから思うように
勝敗を決することができるのである。

【解説】

実際の戦いにいつも勝つ人というのは、まず**何よりも態勢づくりが優れている**のである。つまり、人の心を一つにさせ、しっかりと規律を守らせる。だから強いのである。

小室直樹博士は、日本の自衛隊について次のようにいった。

「世界一強く、世界一弱い」と。

「世界一強い」というのは、ここで孫子がいうような規律が守られていて結束が固い点で世界一ということだ。「世界一弱い」というのは、国民の尊敬がないということによる。国民一体の軍隊ではないということがあるのだ。

しかし、東日本大震災に派遣された自衛隊が活躍する姿は、国民の見方をずいぶん変えた。

核兵器を持たない点で、有力国に劣るかもしれないが、軍隊の強さ、一人ひとりの優秀さではやはりピカ一である。日本兵は、世界一強いという伝統は守られているようだ。

ビジネスにおいても同じように、トップリーダーたちを除けば、現場は世界一という伝統は同じだ。軍隊、ビジネスは共通している面が多いのだ。

26. 戦いは数の計算でする

戦いの原則は、
第一に「度《たく》」（ものさしではかること）、
第二に「量《りょう》」（ますめではかること）、
第三に「数《すう》」（数ではかること）、
第四に「称《しょう》」（比較してはかること）、
第五に「勝《しょう》」（勝敗をはかり知ること）である。

戦場となる土地では
ものさしではかる「度」という問題となり、

形

「度」の結果については
投入する軍の物資兵器を決める「量」という問題となり、
「量」の結果については
投入すべき兵員の「数」という問題となり、
「数」の結果については
敵と味方の戦力をはかる「称」という問題となり、
「称」の結果については
勝敗をはかり知ることのできる「勝」という問題となる。

勝利する軍というのは、
重い鎰《いつ》の目方（二四両、約三八〇グラム）をもって
軽い銖《しゅ》（一両の二四分の一）の目方を比べるようなもので、
勝利はあたりまえであるが、
敗北する軍では
軽い銖《しゅ》の目方で重い鎰《いつ》の目方を比べるようなもので、
まったく勝ち目がないのである。

【解説】

戦いは気合いだと思われがちだが、それだけでは勝てない。子どものケンカやチンピラのケンカはそれでいいが、大人同士の戦い、本格的な戦いはまず**合理的な計算をして、予測しつつ進めなくては勝てない**のである。

勝つにはすべて合理的な根拠があると知るべきである。すなわち戦いは、すべての面で勝つことが間違いないとの計算ができたうえでするものである。だから負けることもなくなる。

負ける軍というのは、勝ち目がまったくない、あるいは少ないにもかかわらず、戦うから負けるのである。

だから勝つために準備しつづけなければならない。

形

27. 戦いは、必勝の形で行うものである

勝利する者が軍隊をして戦わせるのは、満々とたたえた水を谷底へ切って落とすようなものであって、これが勝利の態勢というものである。

【解説】

戦いを決断し実行するのに、**味方の犠牲のもとに何とか勝とうというのは戦いの形にならない。**

つまり勝利の態勢ではない。

前の戦争末期における、いわゆる〝神風特攻隊〟の作戦は、孫子をよく学んでいない者の無責任極まる発想にもとづく、必ず敗れる態勢のものといえよう。

もちろん特攻隊で敵に突っ込むだけの勇気、あるいは精神の高まりは日本人の気高さ、純粋さからくるものである。他人のため（家族や子孫のため、そして国のため）に命をも捧げることには孫子も驚くにちがいない。

しかし、これを頼ったり、利用するリーダーであっては決していけない。

The Art of War by Sun Tzu

第五章

勢篇

——勢いで勝つ

28.

組織としての力を発揮する技術をマスターする

孫子曰く、
およそ大勢の軍隊を統率するのに
少人数の軍隊を統率するようにできるのは、
軍の編制が優れているからである。

大勢の軍隊を指揮して戦うのに
少人数の軍隊を指揮して戦うのと
同じようにできるのは、
旗や太鼓などによる伝達法が優れているからである。

勢

味方の軍のすべての部隊が
敵からどんな攻撃を受けても
決して敗れることがないのは、
正規の戦法と変則的な戦法を
巧みに使うことができているからである。

味方の軍隊が敵を攻撃をするとき、
まるで石を卵にぶつけるように敵を打ち破るのは、
味方の実（強い部分）で
敵の虚（弱い部分）を攻撃するからである。

【解説】

戦う軍隊において大事なのは、組織としての力である。

そのために組織編制や陣形や戦法の技術をよくマスターしておかなくてはいけない。

同じ兵員数の軍隊でも、この技術でまったく違った力を発揮する。

サッカーやラグビーでフォーメーションやポジション、それに組織プレーが機能しないと、個人技だけでは勝てないのと同じである。

こうして実力をつけたのち、敵の弱い部分を見つけ出したり、スキを見出したりして、当たり前のように勝つようにしたいものだ。

もちろん個々人においてはその技能を高め、素養を身につけていかなくてはならない。

そのうえでリーダーは孫子のいうように、**味方の強いところで敵の弱いところを衝くようにするべきである。**

個人の戦いでは、自分の強味でもって相手の弱点を攻めるようにすべきだ。

勢

29. 戦い方の組み合わせは無限にある

戦いにおいては通常、正攻法で敵と交戦するが、
状況の変化に応じては変則的な戦術で敵に勝つ。
うまく戦う軍隊においては、
その戦術は天地の運行のように終わることなく、
大河の流れのように尽きない。
それは太陽や月が沈んではまた昇るように、
季節が過ぎ去ってはまた訪れてくるように、
敵にとって思いもよらない戦術は尽きることがない。
さらにたとえていうと、

基本的な音階は五声（宮《きゅう》、商《しょう》、角《かく》、徴《ち》、羽《う》）しかないが、
その五声の組み合わせによる変化は無限で、
聞き尽くせない音楽となる。
基本的な色は五色（青、赤、黄、白、黒）しかないが、
その五色の組み合わせによる変化は
見尽くせない色彩となる。
基本的な味は五味（甘、酸、苦、辛《しん》、鹹《かん》）しかないが、
その五味の組み合わせの変化は無限で、
味わい尽くせない味が生まれる。
それらと同じように、基本的な戦いの「態勢」には
「奇法」と「正攻法」の二パターンしかないが、
この二つによる変化はきわめ尽くせるものではない。
敵のまったく思いもよらない
変則的な戦術（奇法）と正攻法の二つの変化は、
丸い輪のように無限に循環するもので、
誰にもきわめられるものではないのだ。

勢

【解説】

戦いの準備は必ず勝つといえるところまでやるが、実際の戦い方は正攻法と奇法・奇策を用いて行う。その戦術の組み合わせは無限である。

だからいつも勉強を怠らずにいなければならない。正攻法ばかりにこだわっていると、敵の奇襲にあったりして混乱してしまうことがある。こちらは実力をもって正攻法による戦いをしつつも、相手（敵）に**「やっぱり、絶対かなわない」と思わせるほどの戦術を繰り出すことも必要である。**

たとえば、第二次世界大戦における連合軍のノルマンディー上陸作戦などはこの例といえよう。アメリカの参戦でヒットラーのドイツ軍はだんだん追いつめられたが、連合軍はさらに奇策ともいうべき北フランスのノルマンディーに上陸作戦を決行したのである。この作戦の成功でほぼ勝利を決定づけたといえよう。

ただ以上は、あくまでも基本の力、原則的戦い方を徹底的にマスターしておくことが前提であることはもちろんである。基礎からの積み上げ、訓練なしに他国や他人のよさそうなところをまねるだけでは、とてももろいことをよく理解しておかなければならない。これは、民間の技術力でも結局同じである。

30. 勢いをため、一気に戦い実力を発揮する

激流がその速さで岩をも押し流してしまうのは「勢《せい》」である。

鷲や鷹などの猛禽《もうきん》が急降下して一瞬にして獲物を捕らえてしまうのは「節《せつ》」である。

つまり戦いが上手な者は、その敵を攻撃するときの

勢

「勢」は激しくて、
「節」は一瞬である。

「勢」は石弓を引き絞るように
エネルギーが充満しているようなものであり、
「節」はその引き金を引くようなもので、
瞬時に行うようなものである。

【解説】

どんなに強いスポーツチームでも、勢いをつくり、試合のときに集中して、実力を一気に出すようにしないと、思わぬ苦戦をすることがある。敗れてしまうことだってあるのだ。

ましてや戦争においては、無意味な消耗や損害を避けて最大限の成果をおさめるためには、「勢」と「節」の正しい運用が求められる。そのためには、リーダーの優れた知恵と判断力が必要となるのである。

なお、このことは個人の武道やスポーツにおける強さのコツにもつながる。「勢」と「節」を意識して、自らを磨くと勝負に負けない自分をつくっていけるだろう。

いわゆる、**〝タメ〟と〝速さ〟が重要**ということにもつながるのだ。

勢

31. 戦いの中にあっても、決して乱れてはならない

敵と味方が入り交じって戦う中にあっても
軍隊を混乱させてはいけない。
混沌とした戦況の中にあっても、軍隊の陣形が変わっても、
決して乱れずにいて、敗れないようにしなければならない。
混乱は治まった状態から生じ、臆病は勇敢から生じ、
弱さは強さから生じる。
乱れるか治まるかは軍隊の編制の問題である。
臆病か勇敢かは戦いの勢いの問題である。
弱いか強いかは軍の態勢の問題である。

【解説】

戦いにおける軍隊は、**統制されているかどうかや、戦意・気力があるかどうか、そして実力があるかどうかが大切**である。

しかもこれらは移り変わりやすいことに注意しなくてはいけない。いくら強い軍隊でも、戦いの状況によっては混乱し、弱くもなりかねない。

だから常に数（編制）、勢（戦いにおける勢い）、形（軍の態勢）に注意しつつ戦うようにしなければならない。

戦いにおける変化を見逃さずに、それへの対応法をいつも考えておくことである。

戦いにおいて油断は禁物なのである。

勢

32. うまく敵を動かして有利に戦う

うまく敵を誘導する者が隙のある形を見せると、敵は必ずそれにひっかかる。
敵に利益を示せば（与えようとすれば）敵は必ず取りにくる。
戦いが上手な者は利益をもって敵を誘導し、待ち伏せして敵を攻撃するのである。

【解説】

戦いにおける作戦で主導権を握れば、自らの軍隊を最も勢いのある状態で敵とぶつからせることができる。

わざとスキを見せたりワナを仕掛けたりして、敵をこちらの戦いやすい場所に誘導することで、圧倒的に有利に戦えるのである。

反対からみると、敵にスキや利益を示されていることは、いつも警戒しておかねばならないことになる。

戦いにおいては「何でもあり」なのであるから、**油断や思い込みこそ最大のミスにつながる。**

これは、私たちの人生でもいえる。どんな困難でもチャンスを探し求め、どんな有利な状況でも、自らを戒める態度が、本当に強い体質をつくっていくことになるのだ。

勢

33. 人材は勢いのある中から生まれる

戦いが上手な者は、
勝利を勢いに求めて、
兵士個人の力に求めない。
そうすることで人を適切に配置し
勢いに従わせることができる。

人を勢いに従わせる者が
部下を戦わせるのは、
まるで木や石を転がすようなものである。

木や石の性質は、
安定しているところに置けば静止するが、
不安定なところ（傾斜しているような場所）に置けば
動き出す。
角ばっていれば止まったままだが、
丸ければ転がる。

だから、戦いが上手な者が部下を戦わせる勢いは、
丸い石を高い山から転がすようなものである。
これが「勢い」なのである。

【解説】

力のないリーダーの口癖は「人材がいない」である。

また、成功できない人の悪いクセは、結果を他人のせいにしてしまうことである。

しかし、**いつも勝利を手にするリーダーは個人の力だけに頼らない。**

したがって部下の責任を問うことなく、まず組織の勢いをつくってしまう。

そこに人を投入すれば勢いの中で人も活きるし、人も育っていく。

もちろん戦いにも負けることはないのである。

こうしてみると、やはり個人プレーによる強さはとてももろいのがわかる。本物の強さではないといえる。個人はどうしても好不調の波、気分の波がある。またスタンドプレーをするような者は、叱るべきである。

個性を伸ばしてあげ、個々の能力を上げていくようにすべきだが、チーム、組織としての強さを常に考えてうまく整合していかねばならない。

よいリーダーの下にいると、一人ひとりの人生も飛躍していくのが、よくわかる孫子の教えだ。

The Art of War by Sun Tzu

第六章
虚実篇
——強い力で弱いところを撃つ

34.

先に有利な立場に立ち、主導権を握る

孫子曰く、
敵より先に戦場の有利な地を占拠して
敵が来るのを待てば、
十分な準備ができ、
余裕もある。

逆に、すでに有利な地を占拠している敵を攻めると
軍隊が疲れ苦労する。

虚実

先に有利な立場に立っていれば
相手を動かすことができ、
相手にふり回されることはない。
敵をこちらの望むところに来させることができるのは
利益を示して誘うからで、
敵をこちらの来てほしくないところに
来させないようにできるのは
敵にその害をわからせるからである。

戦いが上手な者は
余裕をもって楽にしている敵を疲れさせるようにし、
敵の食料が十分であれば
これを飢えさせるようにし、
安心して落ちついている敵に
これを動揺させるのである。

【解説】

「先んずれば制す」ということである。

まず、こちらが先に有利な場所に立って敵を自在に動かせば、勝利はより確実となるのである。

逆に、先に相手に有利な場所に立たれると、戦い方が後手となりやすく、苦労する。

どんな戦いも、まずは先手必勝を目指すべきであろう。

そして、有利な位置にいて、敵をふり回すとよい。

そのために、利益を示したり、害を示して、こちらの都合のよい時と場所で弱った敵を叩くのである。

35. こちらの行動を、敵に見抜かれないようにする

虚実

敵が救援できないところに出撃し、
敵の思いもよらないところに急進する。
このように千里の道程を行軍しても疲労しないのは
敵のいない土地を進むからである。

攻めれば必ず攻め取ることができるのは、
敵の無防備なところを攻撃するからで、
守れば堅いのは、
敵の攻めないところを守るからである。

だから攻撃が上手な者は、
敵をしてどこを守ればよいかを
わからないようにすることができ、
守備が上手な者は、
敵をしてどこを攻めればよいのかを
わからないようにすることができる。

形が見えないほど密かで、
音が聞こえないほど神出鬼没である。
そのため敵の運命を左右する
主導権を握ることができるのである。

【解説】

孫子のいうところの「虚」とは劣勢、あるいは弱点とかスキのことで、「実」とは優勢、あるいは力とか強みのことだが、これは動かないものではなく、つくり出していくものとも考えている。

つまり、味方に有利なように積極的に変えていかなくてはいけないのだ。

そのためにも、敵にこちらの動きを見抜かれないようにしておくことが大切である。

戦いにおいて、**敵にこちらの動きをまったくわからせないようにすれば、これほど有利なことはない。**

孫子は無形や無声といって、こちらの動きをまるで形のない、神出鬼没のように見せることが理想だとする。すると敵はどう守り、どう攻撃してよいかわからず、勝利は意のままとなるのだ。

36. 相手の弱みをつき、利用し、戦いを有利にしていく

こちらが攻撃をしていく場合に
敵がそれを防ぎ止めることができないのは、
敵のスキをつくからである。

退却する場合に
敵がそれを追撃できないのは、
敵が追いつけないほど速いからである。

こちらが戦いを望む場合、

虚実

敵が砦を高く築き堀を深く掘っていても
戦いに出て来ざるを得ないのは、
敵が必ず助けに行かなくてはならないところを
攻撃するからである。

こちらが戦うまいと思えば、
地面に線を引くだけで守っていても、
敵がこちらと戦えないのは、
敵の向かう方向と
違うところにいるからである。

【解説】

戦いでは、こちらが主導権を握り、思い通りに敵をふり回すことができれば、いかにも有利に戦える。

そのためには**敵のスキをついたり、攻撃されたら必ず助けに行かなくてはいけない所などを常に調べて準備しておくべきである。**

また反対に、こちらの動きは見えないようにするのが理想の戦い方である。

孫子の教える「兵は詭道《きどう》なり」の一応用である。

前の戦争では、日本としてはアメリカと戦いたくはなかった。しかしアメリカ主導の連合国に石油などをすべて押さえられた。とくに石油は、軍艦や飛行機のみならず、産業の生命線であった。この石油をとりに日本は真珠湾攻撃、そして南方に向かうように仕向けられた。

日本としては石油を確保するための外交努力こそ大切だったのが今ではよくわかる。

今の反原発騒ぎも、何やら外国のうまい宣伝戦略にやられていないか、注意が必要だ。

虚実

37. 戦力は集中させてこそ生きるものである

戦いが上手な者は、
敵には、はっきりした態勢をとらせて
こちらから、よくわかるようにし、
こちらは態勢を隠してわからないようにする。
するとこちらの兵力は戦いに集中できるが、
敵は目標がはっきりしないので
兵力を分散せざるを得なくなる。
味方の兵力がまとまって一団となり

敵の兵力が分散して十隊となれば、
味方は敵の十倍の兵力で攻撃できることになる。
つまり味方の兵力は多く、
敵の兵力は少なくなる。

多くの兵力で、
少ない兵力を攻撃できれば、
味方の軍の戦う相手の力は弱くなる。

味方の軍が戦おうとする土地を敵はわからない。
わからないから
敵が守備しなくてはいけない場所が多くなり、
味方の軍と戦う敵の兵力は分散して少なくなる。

こうして前方を固めて守ろうとすると
後方が手薄になり、

虚実

後方を固めて守ろうとすると
前方が手薄になり、
左翼を固めて守ろうとすると
右翼が手薄になり、
右翼を固めて守ろうとすると
左翼が手薄になる。

いたるところを守備しなくてはならないことになれば、
いたるところが手薄になる。

味方の兵力が手薄になるのは、
敵に対して備えなくてはならないからである。
味方の兵が多いということは、
敵をして味方の兵力に対して
備えなくてはならないようにさせるからである。

【解説】

孫子はここで、少数の兵力でも、戦い方で多数の兵力となりうることを教えている。

そのためには、敵には、こちらにその姿を全部明らかにさせるようにし、こちらの内情は隠してわからないようにさせておくことが大切である。そして敵の兵力を分散させて、こちらの兵力を集中するのである。**戦力の集中は、戦いに勝つための基本でもあるのだ。**

これを証明してみせたのが、ベトナム戦争におけるホー・チ・ミン指導の北ベトナム軍の、アメリカ軍との戦いであった。

北ベトナム軍はベトコンとも呼ばれ、神出鬼没のゲリラ戦法でアメリカ軍の戦力の分散をはかった。これに対しアメリカ軍は、ベトナム全土を戦地にしてしまい、大量の武器・弾薬で押さえ込もうとした。しかし、結局アメリカ軍は、北ベトナム軍を破ることはできず、全面撤退を余儀なくされた。

小が大に勝った（少なくとも負けなかった）戦いであった。

日露戦争でも海軍参謀の秋山真之は、この孫子の教えを第一として、敵の分散と味方の軍の数の優位、戦力の集中を常に考えていた。そして見事に完全勝利したのだ。

虚実

38. 戦う場所と日時を正確に知り、対策を立てる

戦う場所を知り戦いの日を知れば、
千里離れた遠い場所でも戦うべきである。

戦う場所や戦う日を知らなければ、
左方の部隊は
右方の部隊を救援することはできず、
右方の部隊は
左方の部隊を助けることもできず、
前方の部隊は

後方の部隊を救援することはできず、
後方の部隊は
前方の部隊を救援することはできない。

一つの軍でもこうだから、
ましてや遠いところは数十里、
近いところでは数里の距離でも
味方の他の軍を助けることはできないのである。

【解説】

出たとこ勝負の戦いほど危険なことはない。

戦う場所と日時を正確に知り、対策を立てたうえで戦いに挑むべきである。

無謀な戦いは絶対してはいけないのである。

逆に、戦うべき時がわかれば全力を尽くし、出ていくべきである。

前の戦争で日本海軍は、大事な場面、決戦の時に、主力を温存し、ことごとくチャンスを逃してしまった。

東郷平八郎時代の海軍と山本五十六時代の海軍の差は、孫子の兵法の理解の差でもあったのだ。

39. 勝利は積極的に創り出す

勝利は積極的に創り出すものである。
敵が多くいようと、
それを戦えないようにできるのである。
こうして敵の状況を知り、
こちらとの利害得失を計算して作戦を決め、
敵を挑発して動かしてその行動パターンを知り、
敵の態勢を把握して敗れるべき地と敗れない地とを知り、
小規模の衝突をしてみて、
敵の余裕のある場所や不足の場所を知るのである。

【解説】

じっとしているだけでは戦いには勝つことはできない。

自ら動くことによって、そして敵を動かすことで勝利の形を探らなければならない。

どんな敵にも強みと弱みがあるはずである。その弱いところを見出し、わが力を集中する。

こうして勝利を手にするのである。

この場合、小規模の衝突、戦いをしてみるのもよい。

多くの場合、これによって敵の力や覚悟の度合いがわかる。

中国は、いつもこうして相手が出てこないとみるや侵略を始めている。今もチベット侵略や東シナ海の動きをみればよくわかる。孫子の兵法の動きを実践している。

尖閣諸島も油断していてはとられ、やがて沖縄にも手を伸ばすのはまちがいない。中国自身そう宣言している。

このように小規模な衝突にもすべて意味があるのだ。

これは日常生活、経済活動でも該当することを忘れてはならない。

小さいことだからといって放置していては、結局、大事な戦いに敗れることになる。

40. 戦いにおいては、形にはまらないことが理想である

軍の態勢を現す理想の極致は無形、
すなわち形をなくすことである。

無形になればたとえ深く潜入した敵のスパイでも
実情を探り出すことができず、
敵の智恵者でも
それに対抗する作戦法を考え出すことができない。

臨機応変の出方で勝つ事実を見ても、

虚実

人々にはその勝つ理由はわからない。
人々は勝利の事実を知ってはいるが、
いかにして勝利をおさめたかはわからない。

したがって、
その戦って勝つ作戦は
決して繰り返すことはなく、
情況に応じて
絶えず変化していくのである。

【解説】

キューバをめぐって争ったスペイン艦隊対アメリカ艦隊の戦いにおいて、アメリカはスペインの軍艦を港内に閉塞する作戦をとった。港の出入口に船を沈めて閉じ込めてしまおうというのである。これを観戦していた秋山真之日本海軍参謀は、詳細で見事な報告書を本国に送った。

この報告書をもとにして、旅順港の閉塞作戦は実行された。秋山自身は反対したが、親友の広瀬武夫を失うなど失敗した。

このように**形だけを真似ても勝利は難しい。**状況に応じ、臨機応変に形を変え、戦える軍隊こそが本物の強さを持っているのである。いずれにせよ、無理することなく、自然体で応用できる力を身につけていきたいものだ。

虚実

41. 水のように敵情に応じて勝利を導く

軍の形、すなわち作戦の法則は
水の流れのようなものである。
水の流れは高いところを避けて
低いところへ向かうが、
作戦の法則は
敵の実（充実しているところ、強いところ）を避けて
虚（スキのあるところ、弱いところ）を攻撃する。
水は地形に応じて流れを変えるが、
作戦も敵情に応じて戦い方を変え勝利する。

このように、水の流れに一定の形がないように、
作戦にも決まった形はない。
敵情に応じて戦い方を変化させて勝利を導く。
これを神妙という。
だから作戦の法則は
自然現象と同じようなものだ。

木・火・土・金・水の五行においても
常に一つのものが勝つことはなく、
また四季も常に移り変わり、
日は長くなったり短くなったりし、
月は満ちたり欠けたりするのと同じ原理なのである。

虚実

【解説】

水が地形に合わせて流れるように、軍の作戦は敵情に応じて常に有利に動いて勝利を得なければならない。

状況は常に変わる。いつも油断することなくその状況を見抜き、それに一番ふさわしい戦い方をすることが求められるのである。

作戦の法則は水の流れの法則に通じている。その法則に反した無理で強引な作戦で勝つことは難しいことを肝に銘じておきたい。

水のように柔軟な組織、柔軟な思考をする人間になるためにすべきことは何か。

一つは孫子のような有意義な書にいつも学び、考える訓練をしていること。

他には、強い軍隊をつくりつづけるとともに（演習、訓練をつづけるなど）リーダーをときどき代えるなど、硬直化をさけることも必要である。

The Art of War by Sun Tzu

第七章 軍争篇

——機先を制する

42.

回り道も工夫によって近道に変わる

孫子曰く、
およそ戦争の法則の中で、
将軍が主君から命令を受けて軍を編成して、
兵士を集め敵と対陣するまでの、
機先を制するための争いほど難しいものはない。

なぜ難しいかといえば、
遠回りの道でも近道と同じようにし、
味方の不利な立場を

軍争

有利な立場に変えなければならないからである。

遠回りの道を行きながらも、
敵を利益で誘い出して、
敵よりも遅れて出発しても
戦場には先に着くのである。

これが回り道を、
結局において
近道にする計略（いわゆる迂《う》直《ちょく》の計《けい》）を知る
ということである。

【解説】

敵が先に攻撃し、こちらが不利な立場に立たされることもある。しかし、それをそのままにしていては勝利することは難しくなる。そこで、行動が相手より遅れることになっても、こちらの変化や智恵によって敵を欺き、情報を利用して、相手の行動を分析・分断し、追い越す最短ルートを見つけるなどするのである。

不利な状況も、智恵と行動力で相手を動かし、有利な状況にすることができるということだ。

こうすれば、結局「先んずれば人を制す」と同じ結果が得られ、勝利を手にできるのである。

何があっても決してあわてず、たとえ先行されたとしても、時の経過とともに、こちらに有利な態勢をつくっていけるようにすべきで、そのための準備と訓練が必要である。

43. 戦いにおいては、物資の補給が大切なことを知る

機先を制するための争い（軍争）は、危険もある。

全軍隊を挙げて有利な地を得ようとすると行動が遅くて間に合わない。

しかし、一部の部隊を置いて有利な地を得ようとすると輜《し》重《ちょう》隊（輸送や補給の部隊）を失ってしまうことになるだろう。

甲《よろい》を脱いで走り、
昼夜休まずに道程を倍にして強行軍し、
百里先で利益を争うと
三軍（上軍・中軍・下軍）の
それぞれの将軍が捕虜となる。
強い兵は先行し疲れた兵は遅れ、
十人に一人だけ行き着く結果となる。
五十里先で利益を争うと
上軍の将軍（先鋒の将軍）が倒されてしまい、
そして半分の兵が行き着く結果となる。
三十里先で利益を争うと
三分の二が行き着くことになる。
軍隊は物資を補給する輜重がなければ滅び、
食糧がなければ滅び、
物資の蓄えがなければ滅ぶのである。

【解説】

アメリカとの戦争において日本軍が敗れたのは、機先を制する争い、孫子のいうように「軍争」にとらわれすぎ、輜重《しちょう》（輸送や補給）や食糧の重要性を忘れてしまったことにも大きな原因がある。前の戦争におけるガダルカナルやフィリピンの悲惨な状況は、孫子の教えを忘れたことにあったといわざるを得ない。**輜重や食糧の重要性を指摘した孫子の正しい教えは、今も生きている。**

こうしてみると、現代において、中国や韓国の対日本政策には疑問を抱かざるをえない。日本の資金援助、技術協力で、経済を発展させ、今も製品の重要部分を日本からの輸入に頼っているのだ。いわゆる輜重の重要性を忘れて日本にケンカを仕掛けている稚拙《ちせつ》なやり方だ。特に、韓国は仮想敵国を日本にしているようで、それがよくわからない。今のやり方のままで、たとえ日本に勝利しても自らも足元から大変になるだけだ。そうはいっても、日本としては負けるわけにはいかない。そのために対策を立てるべきだ。

44.

正しい情報を知り、活用しないものは勝てない

諸侯たちの腹の内や謀略を知らなければ、
あらかじめ親交を結んだり、
同盟したりすることもできない。
山林や険しい地形、
湖や沼地などの様子を知らなければ、
軍隊を進めることができない。
地元の道案内を使わないのでは、
地形の利益をうまく味方にすることができない。

【解説】

軍隊は力があるだけでは勝てない。それを動かす者が正しい情報を持ち、それを活用しない限り、その強さも活かすことができなくなる。

日露戦争は日英同盟の恩恵が大きく勝敗を左右した。英国が日本と同盟したいかどうかの情報を駐英外交官たちの必死の努力で手にした日本の指導者たちは、それを大いに活用した。

逆に第二次大戦前は日英同盟を失い、日独伊同盟に走り、最強の敵、アメリカと戦わざるを得なくなった。

戦争は軍隊の力だけでするのではないのである。

いわゆるインテリジェンスといわれるこうした情報戦は、孫子の教え以来、外交や戦争のキモとして重視されている。

これは、ビジネスも同様であるが、これらのインテリジェンス・情報を本当に重視するようになれば、日本の軍事もビジネスもまさに敵なしというほど強くなっていくにちがいない。

45. 部隊の行動は、敵を欺くを基本とする

軍隊の行動は
敵を欺くことを基本原則とし、
利のあるところを求めて行動し、
分散や集合をすることで
様々な変化を持たせるのである。

だから進撃は
風のように速く、
待機するときは

軍争

林のように静かで、
敵地への侵攻は
火の燃えるようにはげしく、
守備するときは
山のように動かず、
隠れるときは
暗闇のようでわからず、
動き出せば
雷鳴のように突然動くのである。

【解説】

武田信玄の有名な軍旗（風林火山）は、孫子のこの部分からとったものである。

すなわち「その疾《はやき》こと風のごとく、その徐《しずか》なること林のごとく、侵掠《しんりゃく》すること火のごとく、動かざること山のごとく」である。

戦いに勝つにおいて重要な原則は、敵にこちらの行動を読ませないということなのである。

無敵の軍を持つといわれた武田信玄も、孫子を愛読していたことであろう。

現代のビジネスでも、このような〝風林火山〟のような社員と部署を持てば、あとは方向性とリーダーを間違わなければ、無敵の組織がつくれるだろう。

孫子がビルゲイツなど、西洋のトップビジネスマンにも愛読される理由がよくわかる。

軍争

46. メンバーを統一させる動かし方

古代の兵法書『軍政』には
「口でいっても聞こえないからドラや太鼓を使う。
指し示しても見えないから旗を用意する」
とある。

そもそもドラや太鼓や旗は、
兵士の耳目を統一するためのものである。
兵士たちが統一されていれば、
勇敢な者であっても

勝手に進むことはできず、
臆病な者であっても
勝手に退くことはできない。
これが大部隊を動かす方法である。

だから、
夜の戦いには火や太鼓をよく使い、
昼の戦いには旗をよく使う。
つまり、
人の視聴に応じて使い分けるのである。

【解説】

ビジネスの分野やスポーツの世界でも、会社のロゴやスローガン、あるいはチームの色などを明確にし、構成員の心を一つにする方法が工夫されている。

戦争、特に命を賭けて戦う戦場においては、兵士の心を一つにして行動させせないと力が分散し、軍は弱くなってしまう。

そのためにドラや太鼓、旗などを駆使して兵士たちを動かすのである。

どこの国においても国旗や国歌を大切にし、それらを通して小さいころから国への忠誠や誇りを養成する。

しばらくの間、日本においては、国旗や国歌への尊敬、尊厳をなくすかのような教育やマスコミ報道が放置されてきた。

これは国の弱体化、軍の志気を下げようとする勢力の仕掛けと呼ばれてもしかたがない。

ただ、最近のサッカーや野球、オリンピックなどの試合において、素直に国旗への誇りを示す若い選手が多くなったのは頼もしいかぎりである。

47. 敵の気力を奪い、リーダーの心を乱すようにする

敵兵の気力を奪い、
将軍の心を乱すようにすべきだ。

朝は気力が鋭く、昼はゆるみ、夕暮れはしぼむ。
だから敵の気力の鋭いときは避け、
気力のゆるんだときやしぼんだときをねらう。
これを戦場での気力をうまく治めるという。

整然と落ち着いた状態で乱れている敵を待ち、

軍争

心を静めた状態で心がざわついている敵を待つ。
これを戦場での心を治めるという。

戦場の近くで遠くからやってくる敵を待ち、
味方は休養を取った状態で、
疲れた状態になった敵を待ち、
味方は食糧を十分とった状態で
飢えてしまっている状態の敵を待つ。
これを戦場での力を治めるという。

整然と来る敵を迎え撃ったり、
重厚な陣の強敵を攻撃してはならない。
これを戦場での変化を治めるという。

【解説】

戦場において、勝敗は兵力のいかんですべてが決まるわけではない。**気力や体力の衰えたところを撃つようにし、それでも強大な敵に対しては戦いを避け、あるいは作戦を変化させなくてはいけない。**

日露戦争における日本海海戦で、ヨーロッパから遠征してきたバルチック艦隊を破った東郷平八郎連合艦隊司令長官は、対馬でじっと待っているとき、新聞記者の質問に答えて、「佚《いつ》を以《もっ》て労《ろう》を待ち、飽《ほう》を以《もっ》て飢《き》を待つ」（こちらは十分な休養をとって相手の疲れを待ち、お腹を満たして飢えた相手を待つ）といった。

当時の軍人やマスコミが孫子の兵法を常識にまで高めていたのがよくわかる話である。

このように、孫子の兵法を自在になるまで身につけると、ビジネスや私生活でもあらゆるところで応用できるようになるのである。

48. 敵が逃げる道は開けておく

戦争の法則では、
高い丘の上に陣している
敵を攻めてはいけない。
丘を背にして攻撃してくる
敵を迎え撃ってはいけない。
偽って敗走する敵を追撃してはいけない。
敵の精鋭部隊を攻めてはいけない。
囮《おとり》の敵に食いついてはいけない。
撤退して帰る敵を防ぎ止めてはいけない。

敵を包囲したときは、
必ず逃げ道を開けておかなくてはいけない。
窮地に陥った敵を追いつめてはいけない。

これが戦争における法則である。

【解説】

孫子は兵法書である。敵に温情をかけることを説く道徳の書ではない。

では、なぜ窮地に陥った敵を追いつめるな、逃げ道を用意せよというのか。

それは、追いつめられた獣が飛びかかってきて噛みつくように、生路を断たれたとみると、敵も死にものぐるいで戦ってきて、こちらも兵を傷つける危険性が高くなるからである。

どんな戦いでも、必ず敵の逃げ道は用意しておくべきなのである。

このように、兵を動かすにはすべて理があり、理にもとづいて行うようにすべきである、その場の行き当たりばったりで、思いつきでよさそうだからと動かすと痛い目にあう。

これはビジネスで人の組織を動かすときにも当てはまることだ。

The Art of War by Sun Tzu

第八章 九変篇

――臨機応変に対応する

49. トップの命令でも、従ってはならないこともある

孫子曰く、
戦争の法則としては、
将軍が主君から命令を受け、
軍を組織し兵士を集めたならば、
高地に囲まれた川や沼などのような
行動に不便なところに宿営してはいけない。

他の国々と隣接するところでは、
援助が受けられるようにその諸侯と親交を結び、

九変

自国から離れた土地には留まることなく、
敵に囲まれるような土地では
早く脱出できるように謀り、
戦わなければ生き残れないようなところでは
必死に戦う。

道にも危険で通ってはいけないところがあり、
城にも攻めてはならないものがあり、
土地にも奪っても意味がないため
争ってはならないものがあり、
主君の命令でも
将軍が実際の状況に応じて判断しなくてはならないため、
受けてはいけないものもある。

【解説】


司馬遷の『史記』に次のような話がある。

呉の王が、孫子に「実際の演習を見たい」と述べた。

孫子は宮中の美女一八〇人を二つの隊に分け、そのうち王から最も寵愛されている二人をそれぞれの隊長に任命した。

しかし、二人の隊長はじめ、美女たちは笑ってばかりで演習にならなかった。

そこで孫子は、二人の隊長を首斬りの刑に処すことにした。

王は「殺してはならない」と伝えたが、孫子は「私は命令を受けて将軍になった。将軍は軍中にあるかぎり主君の命令といえども従ってはいけないことがあります」と、二人の美女を処刑した。その後、宮中の美女の部隊は命令通りに整然と動いたという。


トップの命で変えられないこともある。

もしトップの命でコロコロ変わるようでは組織が弱くなり、戦争目的、事業目的を遂行できないであろう。

九変

50. 状況、環境に合わせた作戦をとる

将軍が九変の利（いろいろな変化の対応法）を
よく自分のものとしていて、
はじめて軍隊の動かし方を知っているといえる。
将軍が九変の利に通じていなければ、
地形を知っていても地の利を得ることはできない。
軍隊を統率していながら
九変の方法を身につけていないのでは、
（前に述べた）五つの利を知っていても、
軍隊の戦闘能力を十分に発揮させることはできないのである。

【解説】

「九変」というのは、九が最大数字を示すものとして使われてきたことから「変化を極める」の意味となる。

孫子の兵法において、「知る」ことは基本である。

状況を知らなければ、勝敗の予測や作戦の決定に根拠がなくなるからである。

しかし、地形を知っていても、それに加え、状況に応じて作戦を変える方法を身につけていなくては、状況を知ること自体の意味がないともいえるのである。

状況や環境に合わせた作戦をとらなくてはいけないということである。

まずは戦力をたくわえ、相手の情報を広く正しく得、敵味方の分析をし、実践では、柔軟に応用していけるようにしなくてはならない。

ビジネスや私生活でも、こうした態度でいられることが理想である。

九変

51. 常に物事の両側面を見るようにする

智者は必ず利と害の両方をあわせて考える。
有利なときにも必ず害の面も考えているので、
成功を収めることができる。
害となるものにおいても利益となる面も見るから、
不測の心配もなくすことができる。

【解説】

戦いに「絶対」はない。

どんな有利な状況にも不利な面はあるし、どんな不利な状況にも必ず有利な局面は見出せる。

大切なのは、**常に物事の両面を見、あわせ考察しておく**ことである。

こうすることで戦いにおける勝利をより確実にしていけるのである。

このことは、孫子の凄さを示す教えでもある。

油断大敵であり、どんなチャンスにも落とし穴があり、ピンチにもチャンスがあるとして、いつもとことん考え抜くクセをつけたい。

52. 人間の欲を利用し、相手をこちらの意に添って動かす

諸侯の考えを
自国の思うように屈服させるには
害があることを強調し、
諸侯に協力を求めるには、
乗り出さざるを得ない事業であることを示し、
諸侯を奔走させるには
利益ばかりを示して動かすとよい。

【解説】

物事の一面ばかりを見る者は真の智恵者にはなれない。しかし、人は欲も深く、物事の一面、目先の利益しか見えないことも多いのである。

この人間の欲をうまく利用し、相手をこちらの意に添って動かすことも必要となる。

このように、人は、自分の利益や名声に弱く、おだてに乗りやすく失敗するのは、古今東西多くの歴史上の出来事が証明している。

こうしてみると、戦後の日本のいわゆるODAは、東南アジア、インド、アフリカでは成功しているが、中国、韓国に対しては、大失敗の政策である。せっかく利をもって示しているのに、こちらの害になることにその利を使われてしまっている。

バカげたこと、そしておかしなことに、援助しているほうの日本の対外宣伝費（まさに中韓に対抗するための）が、やっと四〇〇億円、これに対し、反日のための宣伝戦略費が、韓国が四〇〇〇億円、中国は一兆円という。何とかしなくては日本はまたやられてしまう。

53. 敵の行動をあてにせず主体的に、能動的に備える

戦争の法則としては、
敵がやって来ないことをあてにするのではなく、
いつ敵がやって来てもよいように
備えて待っていることを頼みとしなくてはいけない。
敵が攻撃してこないことをあてにするのではなく、
敵が自分たちを攻撃できないような態勢をとっていることを
頼みとするのである。

【解説】

人生の勝負事において、相手頼みや神頼みで安心しようとする人もいる。

しかし、これは自らの勝利を遠ざけるだけである。

安心、そして勝利は自らの備えからしか生まれない。

あくまでも主体的、能動的に動くのが勝利の法則なのである。

この点、敵が攻めてきたら、逃げるとか、諸外国に助けを求めるという、いわゆる〝お花畑主義〟、〝平和主義〟は、人に支配されるか滅亡してしまう危険性が高いといえる。

自分の人生も自分で決め、まず自分で勝ち抜くことを基本とし、次に人の協力に感謝するようにしていきたい。でないと元GEの名社長、ジャック・ウェルチのいうように、「人に支配されるだけの人生となる」だろう。

54. 勝利の妨げとなる落とし穴に気をつける

将軍にとって
注意しなくてはいけない
五つの危険なことがある。

必死に戦うことしか知らない者は
殺されることになり、
生きることしか考えない者は
捕虜となり、
短気で怒りっぽい者は

挑発されて計略に引っかけられ、
廉潔《れんけつ》すぎる性格の者は
恥ずかしめられてワナにかかり、
兵や民衆を愛しすぎる者は
その面倒を見てばかりで苦労をさせられる。

これらの五つのことは
将軍としての陥りやすい過失であり、
戦いにおける妨げとなる。
軍隊を全滅させ、
将軍を死に至らしめてしまうのは、
必ずこの五つの危険なことによるので
十分な注意が必要である。

【解説】

トップは孤独とよくいわれる。これは、孫子のこの箇所を学べばよくわかる。

将軍たる者の役割は戦いに勝利することにある。

だから、いかに性格が潔癖であろうと、兵士を愛そうと、そのことによって敵につけこまれては何にもならない。

必要な場面では、部下に嫌われることがあってもよいのだ。

最大の目的は勝利することにあることを決して忘れてはいけない。

このようにトップは、孤独であるが、柔軟な思考と人柄を持たなければならない。

その上で断固戦うときは戦うのだ。

将軍、トップの仕事は奥深く、だからこそ優れた人は国の宝といわれるのだ。

このようにリーダーはつらいものだが、社会の財産であり、あなたにもぜひともそういう立派なリーダーになってほしい。それはやりがいある人生ともいえよう。

The Art of War by Sun Tzu

第九章
行軍篇
——人員の配置

55. 環境をよく利用して部隊を動かし、勝利する

孫子曰く、
およそ軍隊の配置と敵情を判断するには
次のようにする。

山を越えるときは、
水や草のある谷に沿って進み、
見通しのよい高地を見つけ軍隊を駐留させる。
敵が高地にいるときには、
こちらが山を登っていってこれを攻撃してはならない。

行軍

これが山地における軍の配置と戦い方である。

川を渡るときは、
川を渡ったら必ずその川から遠ざかるようにする。
敵が川を渡って攻撃してきたら、
敵がまだ川の中にいるときに迎え撃ってはならない。
敵の半数が渡り終わったときから攻撃すると有利である。
川を渡って敵と戦いたいときは、
川岸に陣を構えて迎え撃ってはいけない。
見通しのよい高い場所を見つけ占拠する。
下流から上流に向かって
敵を迎え撃つようなことはしてはいけない。
これが河川地帯における軍隊の配置と戦い方である。

湿地帯を通るときは、
すばやく通り過ぎ、そこに駐留してはいけない。

もし湿地帯で敵と会い、戦わざるを得ないときは、
必ず飲料水や飼料のあるところに軍を配置し、
多くの木がある森林を背後にする。
これが湿地帯における軍の配置と戦い方である。

平地では行動しやすいところに軍を駐留させ、
右翼に配置されている主力部隊は高地を背にする。
そして軍は低地を前にし、
高地が後ろになるように戦う。
これが平地における軍隊の配置と戦い方である。

この四つの軍隊の配置と戦い方を行ったから、
黄帝が四人の帝王に勝ったのである。

【解説】

「宋襄《そうじょう》の仁」という有名な言葉がある。相手に対し無用の情けをかけることによって、こちらが敗れてしまうことを意味する。

これは『春秋《しゅんじゅう》左《さ》氏伝《しでん》』にも出てくる逸話で、宋が楚と戦ったとき、楚の軍が川を半分渡ったところで宋の将校たちが「孫子の兵法」の教え通り攻撃しようとしたところ、宋の襄公は「君子は人が困ったときに苦しめない。兵が渡り切って陣形を整えてから攻撃するのだ」と攻撃を止めさせ、結局敗れてしまったのである。**地形をよく活用しなければ戦いには勝てない**ことを教えてくれる話である。また、余計な温情が味方の敗北を招くことにもなることを戒める逸話でもある。

なお、この場合、敵の半分が渡りきったところを攻撃するのは、対岸への撤退が困難になることと、渡り終えた兵士は身体が濡れていて自由がきかず、戦闘能力が落ちるためと孫子は考えたのである。

日本人の弱点の一つに、この「宋襄《そうじょう》の仁」があげられる。武士の情けあるいは武士道をとるか勝利をとるべきかの選択に悩まされることがあるのだ。徳を尊ぶ日本人の弱点でもある。

ここでは孫子の教えもよく知っておきたいものだ。

56.

皆の健康に配慮する部隊は必ず勝つ

軍隊を駐留させるには
高地を選び、
低地を避ける。
陽あたりのよい場所が最高で、
陽あたりのよくない場所はいけない。
兵士の健康に配慮し、
物資の豊かなところに配置する。
こうして軍隊にさまざまな病気が発生しないようにする。

行軍

これが戦えば必ず勝つ軍のあり方である。
丘陵や堤防のあるところでは
必ず陽あたりのよい場所に配置し、
丘陵や堤防が右後方になるようにする。
これが軍事上の利益であり地形の助けとなる。

【解説】

地形は、単に戦闘のときの勝利を左右するだけではない。軍隊の保全、兵の健康管理にも大きな影響を与える。

現代のビジネス社会でも、会社・事務所の所在場所は、交通の便、情報の収集、陽あたりの良さなどにもかかわり、仕事をする人の士気などにも影響を与える重要な要素なのである。

いつの時代も兵士を大事にしない軍は、限界がある。社員を大事にしない会社も伸びていかない。

勝利を得るためにも、それを実践する兵士たちを粗末に扱うようではむずかしいことを知るべきだ。

軍事独裁、ワンマン経営はちょっと目にはよいが、いずれ限界がくるのはそのためである。

とくに、これからはビジネスで成功するためには、部下やまわりのスタッフへの配慮を意識しつつ勝利するように心がけることが大切である。

57. 勝利に結びつく場所をとっていく

上流に雨が降って、
川の流れが激しくなった場合に川を渡ろうと思うなら、
その流れがおさまるまで待つべきである。
およそ地形が、
絶壁に挟まれた渓流、井戸のような低地、
入口以外は山に囲まれた牢獄のような地、
荊《いばら》が多く通過しにくい地、
落とし穴のような低い沼沢地、
二つの山に囲まれた細い道などでは、

必ず速やかにそこを立ち去り近づいてはならない。
こちらはそこから遠ざかり、
敵にはそこに近づくようにさせるとよい。
こちらはそこを前面にし、
敵にはそこを背にするようにさせるとよい。
行軍中に、地形の険しいところ、
池や窪地、葦《あし》の密生地、山林、草木の
生い茂っているところを
通ろうとする場合、
必ず慎重に繰り返し捜索せよ。
これらは敵の伏兵やスパイがいる可能性の
ある場所だからである。

【解説】

碁やオセロのゲームのように、勝負ごとには場所取りの要素がある。いかに勝利に結びつく場所や状況を先に取っていくかを考えるべきである。

そして敵には不利な場所を取らせるように不利な状況に追い込むのである。

また、戦争において重要となるのは、兵士の確保であり、決戦場への集結である。

前の戦争で、日本軍は戦闘地域を広げすぎ、しかも残念なことに輸送船の警備に力を入れなかった。そのため兵士の移動中に攻撃を受け大きな損害を被り、戦力を次々に失った。

強い軍隊でも、狭い場所を通っての移動中など攻撃にさらされると弱いものである。軍隊の移動には細心の注意が必要だ。

現代ビジネスでもロジスティックスの重要性は増し、第一線と補給部隊、バックヤードの連携と充実は、勝敗にも大きく影響を与えることを忘れずにいたい。

58.

観察力を磨き、敵やライバルの動きを予測する

敵が近くにいながら静まりかえっているのは、
その占拠している地形の険しさを
頼りにしているのである。
敵が遠くにいながら挑戦してくるのは、
こちらを進撃するよう誘い出そうとしているのである。
敵が平坦な場所にいるのは
戦いを有利にする作戦を考えているのである。
多くの木々が揺れ動くのは、
敵が進撃してくるのである。

行軍

多くの草が積んで重ねてあるのは、
敵がそれで伏兵がいるように見せかけ、
こちらを惑わそうとしているのである。
鳥が飛び立つのは
伏兵がいるのである。
獣が驚いて走り出すのは
敵が奇襲してくるのである。
砂塵が高く上がりその前方がとがっているのは、
敵の戦車がやって来るのである。
砂塵が低く広がっているのは、
敵の歩兵がやって来るのである。
砂塵がまばらに上がり、
縦や横に細く伸びているのは、
敵が薪を集めているのである。
砂塵が立ってあちこち動くのは、
敵が軍営を設置しているのである。

【解説】

源義家（八幡太郎）は、「後三年の役」のとき、雁が列を乱して飛んでいくのを見て「敵の伏兵がいる」と見抜き、包囲して打ち破った。これは義家の学問の師である大江匡房《まさふさ》に学んだことからわかったという。

義家が「前九年の役」で父頼義とともに活躍した話をしたとき、それを聞いた大江匡房は、「義家は、まだ合戦の方法を知らない」といった。

それを伝え聞いた義家は素直に匡房について兵法を含めた学問を学んだのである。

大江匡房は孫子を学んでいて、これを義家にも教えた。

孫子のここでの教えは、**観察力を高め、相手の動きを予測したり、観察したりすることがいかに大切か**ということである。

ビジネスにおいても、敵やライバル、あるいは市場に対する観察力は、その人の仕事力の大きさに直結するほどに大切なことである。

59. 敵やライバルの行動の理由を見抜くことが大切

敵の使者のもののいい方が
へりくだっていながら
敵が戦備を強化しているのは、
攻撃の準備をしているのである。

敵の使者のもののいい方が強硬で、
敵が進撃してくるような姿勢を示しているのは、
退却しようとしているのである。

敵の戦車が先に出動して
両側面に配置しているのは、
陣を敷いて攻撃しようとしているのである。

敵が困った状態ではないのに講和を願うのは、
陰謀があるからである。

敵があわただしく走りまわって
軍隊を配置しているのは、
決戦しようとしているのである。

敵が進んだり退いたり、
混乱しているように見えるのは、
こちらを誘い出そうとしているのである。

【解説】


戦いは相手を油断させ、そのスキを狙うことを基本とする。

それは敵も同様である。

したがって、**敵の行動を見てその本質を見抜かなくてはいけない**のである。

これは一個の人間の行動にもあてはまる。理由もなしにお世辞をいったり、持ち上げたり、利益を与えようとする人間の腹の中は、欲でうずまいていたり、悪だくみを考えていたりするのである。

相手の行動にはすべて理由があると思っているべきだ。

逆に、相手やまわり、そしてライバルに信頼される性格で、言動も日ごろから誠実でいると、いざというときに皆が動いてくれる。

戦いは、全人格や全戦力を使ってこそ勝てるものなのだ。

ビジネスもまったく同様なのだ。

60. 敵やライバルの実態を把握する

兵士が杖にすがって立っているのは
飢えているからである。
水汲みの者が水を汲んで
すぐにわれ先にと飲むのは
水が不足しているからである。
進撃が有利と見ても進まないのは
疲労しているのである。
鳥が集まっているのは
軍営に敵兵がいないのである。

行軍

夜間に叫び声をあげるのは
恐怖を感じているのである。
軍隊が騒ぐのは
すでに将軍に威厳がないのである。
軍旗が動揺しているのは
軍の秩序が乱れているのである。
軍を監督する官吏が怒っているのは
兵士が疲弊していて、だらけているのである。
兵士の食糧を馬に与えたり、
軍馬や牛を殺してその肉を食べ、
釜などを始末し軍営に帰らないのは、
すでに軍が窮地に追いやられてしまっているのである。

【解説】

組織は、窮地にあると、様々な危険の徴候が現れる。

戦いにおいては敵の中にその徴候をよく観察し、こちらの対応法をまちがえないようにしなくてはいけない。

そのためにも、いくつかのルートで情報を確認し、正しく敵の状況を把握しなくてはいけない。

以上を逆にいえば、**将たる者は、どんな危機においても人心を掌握できるように普段から心がけておかなくてはいけない。**

敵やライバルに、こちらの弱点を教えるようでは戦いにいとも簡単に敗れていくことになる。

行軍

61. 敵の実情を正確に見抜くようにする

将校がねんごろに
物静かに兵士と話をしているのは
兵士の人心を失っているのである。
しばしば兵に褒賞を与えているのは
なす術がなくなっているのである。
しばしば兵士を懲罰しているのは
苦境に陥っているのである。
初めは兵士を乱暴に扱っていながら、
後には兵士を恐れるのは、

愚かすぎる軍隊である。
敵の使者がやって来て、
謝罪し、礼を尽くすのは、
休戦して兵を休息させることを望んでいるのである。
敵がいきりたって向かって来ながら、
しばらく戦おうともせず、
また退こうともしないのは何か訳があるので、
必ず慎重に状況を調査せよ。

【解説】

敵の状態、状況は正確に知り、内部を探るようにしなくてはいけない。しかし、こちらのことはまったく見抜けないようにトップたる者、将たる者は、工夫しておくべきだ。

この点、いわゆる赤穂浪士四十七人の討ち入りを成功させた大石内蔵助は見事であった。

昼行灯《ひるあんどん》を装い、部下たちにも討ち入りを諦めたかのように装わせ、敵の目をごまかしつづけたのである。

そして結局は戦争目的を全員に徹底して、裏切り者を出さなかった。

反対に、普段部下をいいかげんに扱っている者は、いざというときにその部下にしっぺ返しを食らうことだってある。敵への寝返りだってあるのだ。

軍のような組織においての人心の乱れ、不統一は、敗北への一歩手前といってよいだろう。

もちろんビジネスにおける人心の把握もこれと同じである。

62.

信賞必罰が必勝の組織をつくる

戦争は軍の兵士が多いほどよいというものではない。
ただ猛進すればよいというのでもない。
兵力を集中し、敵の状況をはかりつつ進めば、
勝利することができる。
よく考えもせずに、敵をあなどり軽く見て行動するのでは、
必ず敵の捕虜にされるだろう。
兵士がまだ将軍のやり方に慣れていないのに懲罰を行うと、
兵士は心服しない。
心服しないと兵は動かしにくい。

行軍

兵士がすでに将軍のやり方に慣れているのに
懲罰を行わないでいると、
兵士をうまく動かすことができない。
だから、寛容と厳罰で軍隊を管理する、
これを必勝の軍という。
普段から法令を徹底させ、兵士を教育すれば、
兵士は服従する。
普段から法令を徹底させないでおいて兵士を教育しても、
兵士は服従しない。
普段から法令が徹底しているのは、
将軍と兵士が信頼関係で結ばれていることの
現れなのである。

【解説】

孫子は数を大事にする。兵力は兵の多さに比例するのが基本である。しかし、それだけでは必勝の軍隊にはなれないことを孫子は教えてくれる。

戦えば必ず勝つ軍隊のつくり方は、将軍と兵士が一体となるようにするということである。

そのために必要なのが「寛容と厳罰」、つまり信賞必罰である。決められた法令・基準にもとづいて「寛容と厳罰」を行うとき、最強の、必勝の軍隊をつくりあげることができる。

これは戦争における軍隊という組織にのみにあてはまることではない。組織全般についていえることである。

ルールを守らなかった者は、きちんと罰したり降格したりするが、組織に利益をもたらす者、成果をあげる者については、必ずよいご褒美が用意されている。これを公正公明に行えば、どの分野でも強い組織ができるのである。

なおここで孫子は、敵をあなどり、軽く見ることを強く戒めている。それほど人間は慢心しやすいということも注意しておきたい。

The Art of War by Sun Tzu

第十章

地形篇

——環境の利用法

63. 環境の適正な利用が勝敗を左右する

孫子曰く、
地形には、通《つう》、挂《かい》、支《し》、隘《あい》、険《けん》、遠《えん》がある。

味方も行けるし敵も来ることができるような
交通の発達した地形を通《つう》という。
通《つう》の地形では、見通しのよい陽のあたる高地を先に占拠し、
食糧補給の道を確保しておくようにして戦えば有利になる。
進むことはできるが引き返すことは難しい地形を挂《かい》という。
挂《かい》の地形では、

地形

もし敵に防備がなければ出撃して勝つことができる。
もし敵が防備している場合には、
出撃しても勝つことができず
引き返すことも難しく、不利である。
味方が出撃すると不利になり、
敵が出撃しても不利な地形を支《し》という。
支《し》の地形では、
たとえ敵から利益で誘われても戦いに出てはならない。
軍隊を退却させて、
それに応じて敵の半分が出てきたところを反撃すると、
有利になる。
山の谷間といった隘《あい》の地形では、
先にその場を占拠している場合には、
必ず狭い出口に兵力を集中して
敵が来るのを待つべきである。
もし敵が先にその場を占拠し

出入口に兵力を集中している場合には
攻撃してはならない。
敵が出入口に兵力を集中していない場合には攻撃してよい。
険しい険《けん》の地形では、
先にその場を占拠している場合には、
必ず見通しのよい陽があたる高地にいて、
敵が来るのを待つべきである。
もし敵が先にその場を占拠している場合には、
軍隊を退却させて攻撃してはならない。
敵と味方の陣地が遠く隔たっている遠《えん》の地形では、
双方の実力が等しい場合には、戦いをしかけるのは難しく、
戦うと不利になる。

以上の「六形」は、いずれも地形を利用する法則であり、
将軍の重大な任務と責任であるから、
十分に考察しなければならない。

【解説】

戦争においては地形は補助的な条件かもしれないが、その利用は勝敗に大きな影響を与える要素にもなる。戦史の研究においても、その戦いのときの地形はどうだったのかは念入りに調査される。

『三国志』の英雄の一人、曹操は孫子の研究における第一人者でもあったが、「戦おうとするとき、地形を調べて勝てるようにすること」をここで学ぶと述べている。曹操が天才戦略家の一人と呼ばれるのは、こうして孫子の教えを徹底的に頭に叩き込んでいたからであろう。

しかし、それでも局地の戦いに負けることはあるのである。いかに軍の動かし方というのが難しいかがわかる。

曹操が局地の戦いで敗れることがあっても、必ず態勢を立て直すことができたのは、やはり「孫子の兵法」の原則を大事にしていたからに違いない。

個人の力には限界があり、孫子をはじめとする書物や人の教えにも素直でなければいけないのは人生でも大鉄則のことなのだ。

いくら兵力が大きくても、**常に謙虚に学びつづけ努力を怠らないことの大切さを孫子は教えるのだ。**

これは、人生全般の成功法則の第一ともなるといってよいだろう。

64. リーダーの能力が組織の興亡を決める

軍隊には、
敗走するものがあり、
緩んでしまうものがあり、
窮地に陥るものがあり、
自ら崩壊するものがあり、
乱れてしまうものがあり、
敗北するものがある。

これら六つのことは

地形

天がもたらした災難ではなく、
すべて将軍の過ちである。

そもそも将校の智恵や兵士の勇ましさ、
地形などの環境といった点で
勢力が敵と等しいときに、
兵員が十倍も多い敵を攻撃する軍隊は敗走する。
兵士が強いのに将校が弱い軍隊は弛《ゆる》んでしまう。
反対に将校が強いのに兵士が弱い軍隊は
士気があがらず窮地に陥る。
将校が怒って将軍に服従せず、
敵に遭遇しても憤然と勝手に戦ってしまい、
将軍もその将校の能力を知らないような軍隊は
自ら崩壊する。
将軍が弱々しくて厳しさがなく、
兵士への指令が曖昧で、

将校や兵士にも規律がなく、
布陣も乱れている軍隊は混乱する。
将軍が敵の状況を判断できず、
少数の兵士で多数の敵と戦い、
弱い軍隊で強い敵を攻撃し、
軍に精鋭部隊もないときは敗北する。

およそこれら六つは
敗北をもたらす原因であり、
将軍の重大な責任として、
十分に考えられなくてはならない。

【解説】

孫子はここで、戦いにおいて敗れる原因と経過を六つに分けて述べている。

そして**敗北はすべて将軍の統率や指揮の問題から生じる人災である**ことを強調する。つまりリーダーがだめな組織は必ずダメになるということだ。

古来より現在にいたるまで、戦いにおいて勝利するために神に祈ったりすることも多い。あるいは占いを信じたりする者もいる。

しかし戦いで、そうした曖昧なものに頼ることを孫子は拒否する。

いかに将軍の能力が大切か、兵士に対する指導力が大切かをどこまでも強調するのである。そのための努力も要求している。

このことは、軍隊以外の組織のリーダーにもあてはまるといえよう。

もちろん戦力において敵より上回るように普段から仕向け、トップに献策するのもリーダーであり、それだけに責任も重く、やりがいも大きいのである。

65. 皆の命を大切にし、利益をもたらすリーダーは宝である

地形は戦争の補助的な条件である。
敵情を探って勝てるように作戦方針を決め、
地形の険しさ、距離の遠近を
分析するのは将軍の責務である。
これらのことが十分にわかっていて
戦いを指揮すれば必ず勝つが、
これらのことがわからずに戦いを指揮すれば
必ず敗れる。
戦いの法則から判断して必ず勝てるなら、

地形

主君が戦うなといっても断固として戦ってよい。
戦いの法則から判断して必ず敗れるのなら、
主君が絶対戦えといっても戦わなくてよい。
将軍が自分の判断で軍を進めても
それは自分の名誉のためではなく、
軍を撤退させても罪を恐れることはない。
ただ民衆（兵士）の命を大切にして
主君の利益とも一致させるようにする。
このような将軍は国の宝である。

【解説】

ここでも孫子は戦争目的を実現し、国の保全と兵士の安全を重視する。そしてこの目的を実現する将軍は、国の宝であるとする。

また孫子は**現場での戦いの中で、トップの命を聞くのが、正しくないときもあることを再度確認する。**

史記の孫子伝にも「将《しょう》、外《そと》にあって君命《くんめい》を奉《ほう》ぜるあり」（一度将軍を任命して出陣したら、命令は、その将軍が出すのであって、君主の命に従うわけではない）とある。

日露戦争時に、山本権兵衛も、この孫子の教えを引いて、連合艦隊司令長官、東郷平八郎に口出しをしなかったという（司馬遼太郎『坂の上の雲』参照）。

地形

66. 強い部隊は、リーダーが愛をもって鍛えることから生まれる

将軍が兵士を
赤ん坊のように大切にしていれば、
兵士は将軍を慕い、
危険を冒してでも
深い谷にも行くことができる。

将軍が兵士を
かわいいわが子のように大切にしていれば、
兵士は将軍を慕い、

ともに命を惜しまず戦うことができる。

しかし、
兵士を手厚くもてなすが使うこともできず、
可愛いがるが命令を出すことができず、
兵士が軍紀を乱しても
それを止めることができないようでは、
それはわがままの子どものようなものであり、
何の役にも立たない。

【解説】

強い軍隊は将軍と兵の信頼関係が厚い。

そのためには将軍は**日ごろから（親が子に対するような）深い愛情をもって接し、しかし、教育、指導は厳格にしなくてはいけない。**

豊臣秀吉が最強の武将と誉めたたえた立花宗茂も孫子と同じことを述べている。つまり、部下たちが自分と生死をともにし命を捨てて戦うのは、日ごろの自分の接し方がわが子に対するようであるからだ、と。

他にも立花宗茂の名言の中に「敵のなさんと思うところを先になせば戦いに勝てる」などがあり、孫子の兵法をよく学んでいたと思われる。

ただ、むずかしいのは、信頼関係が厚くなったときに、まちがった部下を正したり、罰することだ。どうしても甘くなりやすい。とくに日本人の場合、情が厚いためにそうなる。

やはり軍隊は戦争目的を、ビジネスの組織では、事業目的を遂げることに存在の意義があることから、心を鬼にして接しなければならないときがある。大変なことだが、孫子はそれも強く注意する。

67.

敵を知り、我を知り、環境と状況を知れば必ず勝つ

味方の軍隊が敵を攻撃して
勝利できることがわかっていても、
敵に備えがあって
攻撃してはいけない状況もある。
このことを知らなければ
勝つ可能性は半分である。
敵において
こちらが攻撃してよい状況にあることを知っていても、
味方の軍隊が攻撃をするのに十分でないことがある。

地形

このことも知らなければ勝つ可能性は半分である。
敵においてこちらが攻撃してよい状況にあることを知り、
味方の軍隊も敵を攻撃してもよい状況がわかっていても、
地形の情況が不利で戦ってはいけないこともある。
このことをわからなければ勝つ可能性は半分である。
戦争によく通じた人は、
軍隊を動かして迷いがなく、
その方法も変化に富み、
困窮するということがない。
だから、敵の状況を知り味方の状況を知っていれば
勝利は確実なものになる。
さらに、土地の状況を知り、
自然界の巡りのことを知っていれば、
常に勝利をおさめることができるといわれるのである。

【解説】

ここで孫子は、有名な「謀攻篇」における「彼《かれ》を知り己《おのれ》を知れば百戦《ひやくせん》して殆《あや》うからず」の言葉に加え、さらに「地を知り天を知ることができれば、万全な勝利を手にすることができる」と強調している。

孫子は、味方の軍隊と敵の軍隊の状況をよくつかんで、いずれからみても必ず勝てる態勢をもって、はじめて攻撃してよいという。

しかし、それでも、戦いが進む過程で地形に対応したり、天候や自然現象も味方にしないと必勝ではないという。二度の元寇の時（一二七四年・一二八一年）、当時世界で無敵だった蒙古軍も突然の台風（日本人は神風と呼んだ）によって敗れ去ったのである。

「地の時」「天の時」を見落とした結果であった。

やはり**勝負事は全知全能を傾けたところに多くの専門家たちの意見も聴き、そのうえで判断しつづけるという慎重さと、大胆な判断と実行の双方がいるのだ。**それだけ戦争や勝負事は国の大事、人生の大事なのである。

The Art of War by Sun Tzu

第十一章

九地篇

――戦う環境の分類

68. 戦場の状況に応じた戦い方をする

孫子曰く、
戦争の法則では、戦場になる地は
散地《さんち》・軽地《けいち》・争地《そうち》・交地《こうち》・衢地《くち》・重地《じゅうち》・圮地《ひち》・囲地《いち》・死地《しち》の
九つに分けられる。
諸侯が敵に侵入され、自国の領内で戦うことになったところを
散地という。
敵国に侵入していても、
まだ深く侵入していないところを軽地という。
味方が占領すれば味方に有利となり、

九地

敵が占領すれば、敵に有利となるところを争地という。
味方も行くことができ、
敵も来ることのできるところを交地という。
各諸侯数国の領地が隣接していて、そこに先着すれば
多数の人々から助力が得られるところを衢地という。
敵国に深く侵入し、
背後に敵の城邑《じょうゆう》が数多くあるところを重地という。
山林や険しい地形や湿地帯など、
通行しづらいところを圮地という。
入る道が狭く、
引き返す道が遠く曲がりくねっていて、
敵が少数の部隊であっても
味方の大軍を攻撃できるところを囲地という。
迅速かつ必死に戦えば生存できるが、
攻撃が遅れれば、
必死に戦わなければ全滅するところを死地という。

【解説】

九地とは九種類の戦場の地形である。ここで孫子は九地の特徴をつかみ、それに応じた戦い方を教える。

そこでの、人間（兵士）の心理もよく理解したうえでの孫子の教えは緻密といえる。

たとえば、散地というのは自分の国内で戦うため、兵士が家のことを思ったりして心が「散る」という。また、軽地は敵地に侵入してまだ深くないから、兵士の心は「軽く」浮き立っているという。

敵が城などを背にしている重地は兵士の心を「重く」するという。

そして死地は、速やかに、かつ「必死」に戦わざるを得ないところをいうのである。

このように**将軍は兵士の心理を利用して戦わなければならない**と孫子は述べている。

九地

69. 戦場の状況や、敵とその周辺の動きをよく知る

散地では
戦ってはならず、
軽地では
止まってはならず、
争地では
先にそこを占領すべきで、
もし敵に先にそこを占拠された場合は、
無理に攻撃してはならず、
交地では

軍隊の隊列を切り離してはならず、
衢地《くち》では
諸侯と親交を結び、
重地では
敵の食糧・物資などを略奪し、
圮地《ひち》では
速やかに通過し、
囲地では
脱出のために智謀をめぐらし、
死地では
必死に戦うべきである。

【解説】

孫子は地形をよく知り、戦場をよく知り、その上で兵士の心の状態を怠りなく観測することを説いている。

心理学のみならず、時の状況にも動かされることがあるから、**柔軟な頭と心が必要である。**

また、まわりの動きにも目を配り、戦うとき、戦いから引くときもしっかりと考えなくてはならない。

70.

敵を攪乱《かくらん》し、有利な立場に立ち戦いをしかける

いわゆる昔の戦争のうまい人は、
敵の前後の部隊が互いに連絡できないようにさせ、
大部隊と小部隊が互いに助け合えないようにさせ、
将兵が互いに救い合えないようにさせ、
上下の者が互いに寄り合えないようにさせ、
兵士たちが離散して集まらず、
集まってもまとまらないようにさせた。
そして味方にとって有利であれば行動を起こし、
不利であれば戦いへの動きを止めたのである。

【解説】

圧倒的な力の優劣がないときには、敵の軍隊を攪乱してから戦いを起こすのが、戦上手《いくさじょうず》といわれてきた。

敵が戦力を十分発揮できない形にもっていったうえで、はじめて戦いに挑むのが理想といえる。

中国は今でも孫子の兵法を尊ぶ外交戦略を使う。

たとえば対日外交では、日本国内の世論の分断を狙った動きを見せる。スパイ、お金（わいろ、色仕掛け）、歴史認識問題やウソの南京大虐殺を広める。アメリカも同様だ。中国、アメリカ側の戦略とすれば当然のことともいえる。私が中国人、アメリカ人だったらそうする。韓国もそのマネをする。しかもお金まで要求してあきれる（従軍慰安婦はまったくのねつ造）。さらにいけないのは、日本がそれに乗らされることだ。

これに対して今の日本の戦略、戦術は、孫子も嘆くほどに幼稚のままである。

しかし、少しずつ若い人を中心にして、これではいけないという声が強まり、日本の戦略、戦術も少しずつ変わり始めていて、楽しみだ。日本の未来は、孫子をよく学べば明るいといえるのではないか。

71.

どんな状況でも敵の弱点を突くことを考える

敢えてお尋ねする。

敵が大軍で、しかも整然と攻めてこようとする場合は、どのようにしてそれに備えたらよいか。

答えていおう。

まず敵が大切にしているところを奪えば、その後は敵を思うがままに動かすことができる。

戦争においては迅速な行動であることが重要で、敵の遅れに乗じ、敵が予想できない道を通り、敵が警戒していないところを攻撃するのである。

【解説】

どんなに万全の力で押しかけてくる敵であろうとも、破ることはできる。

そのためには、精鋭による奇襲を仕掛け、敵の、大切で守るべき場所や、失うと心理的影響の大きい場所などを奪うなどして、敵の態勢を崩したりするとよい。

とにかく、戦いの原則は迅速であること（決定も、行動も）、敵の裏をかくこと、そして意思と戦力の集中である。

反対に**大きな敵に対しては、どんな手段を使ってでもこちらは意思と戦力の集中をさせておいて、敵において分断をはかるようにするのだ。**

72. 敵地に深く攻め入り、戦うしかない状況をつくる

およそ敵国で戦う場合には、
その奥深くまで攻め込めば味方は結束するし、
散地で戦うことになる敵は弱いものとなる。
豊かな敵国の場所では
食糧を奪うことで味方の食糧も十分となる。
そこで、 味方の兵士の体力を保たせ疲労させないようにし、
士気を高め戦力を蓄え、 軍を動かして策謀し、
敵にこちらの行動をわからないようにさせる。
そうしておいて味方の兵を戦うしかない状況に投入すれば

九地

死ぬ気で戦い、決して敗走はしない。
このようにして決死の覚悟ができあがるのである。
士卒はともに死力を尽くして戦うようになる。
極めて危険な状況に置かれると、
兵士はもはや危険を恐れない。
行き場のない状況に置かれると強い覚悟で戦うようになり、
敵国の深くに入り込むと、皆一致団結し、
戦うべきときに必死に戦う。
こうなると、軍隊は将軍が教え導かなくても規律を守り、
求めなくても力戦し、
拘束しなくてもお互い助け合い、
命令しなくても任務に忠実である。

【解説】

孫子はここで、敵国に攻め込んだときの戦い方、軍隊のあり方を詳しく説いている。

全員が危機感を持つことが、一致団結して、死を恐れず、全力で戦う秘訣であることを教えている。

そのためにも、敵国の奥深くに攻め込み、戦って勝つ以外にない状況をつくれとアドバイスしている。

「攻撃は最大の防御」ともいわれる。この言葉を字義通りに解すると「攻撃している間は守りに気を使わなくても大丈夫」ともとれる。

しかし、やはり孫子のいうように**守り、防御は十分に備えた上で、十分の態勢で敵の奥深く攻め込むことが味方の軍の士気を高め、結束を強くして勝利が得やすくなる**というように考えたい。

九地

73.戦いは合理的に考えて行うべきだ

軍隊の中では怪しげな占いや迷信を禁じ、余計なデマなどが飛ばないようにすれば、兵は死ぬまで乱れず必死に戦う。

味方の兵士たちに余分な財貨を持ち歩かせないのは財貨を嫌っているからではないのだ。

ここで死ぬことを覚悟するというのは、

長生きすることを嫌っているからではないのだ。
戦いの命令が発せられた日には、
兵士は奮い立ち、
座っている者は涙で襟《えり》を濡らし、
横に臥《ふ》せっている者は涙で顔を濡らす。

他に行き場のない状況に
このような兵士たちを投入すれば、
専諸《せんしょ》、曹劌《そうかい》のように勇敢になるのである。

※専諸……春秋時代に呉王闔廬《こうりょ》に仕えた勇者
※曹劌……春秋時代に魯の荘公《そうこう》に仕えた勇者

【解説】

二五〇〇年も前の、占いや迷信が当たり前の時代において、軍隊内ではそれを禁じよという孫子はさすがである。

宮本武蔵の**「神仏を尊んで、神仏をたのまず」（神や仏を尊敬しあがめるけれども、戦いにおいては神だのみをしてはいけない）**という名言も、この孫子の教えに通じるものがある。

よく今でも経営者の中に、怪しげな占いで重要事項を決断する人がいるようだ。しかし、いずれ必ず大失敗するだろう。

そんなことでは勝つ軍隊も組織もできやしないからだ。

今の時代でも絶対に信じてはいけない。人生その他のことは宗教や占いはよいかもしれないが、戦いにおいては注意したいことである（ビジネスでも、私生活でも）。

74. 優れたリーダーは助け合うようにさせる

戦争が上手な者は、
たとえていえば卒然のようなものである。
卒然とは常山《じょうざん》にいる蛇のことである。
その頭《かしら》を撃つと尾が助けに来る。
その尾を撃つと首が助けに来る。
その腰を撃つと頭と尾が一緒に助けにくる。
敢えてお尋ねするが、
軍隊を卒然のようにすることができるか。
答えていおう、できる。

九地

そもそも呉の人と越の人はお互いに憎しみ合う仲だが、
同じ舟に乗り合わせて川を渡るとき、
突然強い風に見まわれると
彼らがお互いに助け合うのは
左の手と右の手が助け合うようなものである。
こういうわけで、
戦車用の馬をつなぎとめたり
車輪を土に埋めて備えを固めても、
軍隊を頼りにするためには十分でない。
軍隊を均しく勇敢に戦わせるためには、
将軍による正しい軍隊の指導が要求される。
強い者も弱い者も力を出し切って戦うのは、
重地や死地で戦うという地勢の道理による。
だから、戦争の上手な者が、
一人を動かすように軍隊をまとめることができるのは、
将軍がそうならざるを得ない環境をつくり出すからである。

【解説】

日本でも有名な「呉越同舟《ごえつどうしゅう》」という言葉は、この孫子の教えからきている。

しかし現在の日本では、仲の悪い者同士が共にいるという意味に使われている。**もともとは、たとえ仲が悪い者同士でも、助け合わざるを得ない状況になれば助け合うようになるという、リーダーに向けた組織指導法の教訓なのである。**

日中戦争時に、軍備に優れた日本軍に対抗する蒋介石《しょうかいせき》の国民党軍と毛沢東《もうたくとう》の共産軍が「呉越同舟」となり（国共合作ともいわれる）協力して戦った。

これに対し日本軍は、陸軍と海軍の仲が悪く、陸軍内においても軍閥と呼ばれるものがあり、仲間割れをしていたという。日本人のチームワークには定評があるが、組織の幹部になるほど足を引っぱり合うという欠点がある。このあたり、日本人の平等的思考も弊害がある。すぐれて奉仕的で決断力あるリーダーを養成すべきである。この際孫子を学ぶことも必須であることはもちろんだ。

人間は自己中心的で、すぐ仲たがいしてしまいがちな動物だが、いかにして「呉越同舟」の形にもっていくかがトップやリーダーの力量にもかかってくるといえよう。

75.リーダーは心の中を、味方にも敵にも読まれてはいけない

九地

将軍の仕事というのは、
心を静かにし、表面は平静を装いつつ、
奥深く行われ、正しく適切に進められていく。
将軍は兵から見ると、
これから何を行おうとしているのかがわからない。
軍の計画を変更したり、作戦を変えたりして、
人にわからないようにする。
軍隊の居場所を変え、軍隊の進む道をわざと遠回りしたりして、
兵士たちにも軍隊がどこに進むかわからないようにする。

軍隊を率いて任務を与えるとき（攻撃をしようとするとき）は、
たとえば高いところに登らせておいてから、
そのはしごを外してしまうようにして、
兵士が他へ行く場所を持たないようにする。
軍隊を率いて深く諸侯の領地に侵入し、
決戦を行うときは、今まで乗っていた舟を焼き払い、
食事に使っていた釜を打ち壊し、
必死の覚悟を持たせるようにするのだ。
そして、あたかも羊の群れを追いやるように兵士を動かすが、
兵士はどこへ向かっているのかわからない。
このようにして全軍の兵士を集めて、
決死の覚悟を持たざるを得ない危険なところに投入する。
これが将軍たる者の仕事なのである。
九地（九つの地形）の変化、状況に応じての軍の進撃、
退却することの利害、人間の心理の把握など、
将軍はよく考察しておかなくてはならない。

九地

【解説】

将軍たる者、リーダーたる者には、組織の目的・目標については明確に指示するが、そこに至るまでの方法や道順については兵士たちに読めないようにしておくことが求められる。知ることで怯えたり、戦意を喪失したり、情報が漏れたりする危険もあるからだ。

一番恐いのはスパイなどによってこちらの動きを見抜かれることだ。そして、疑いも恐れも持たずにリーダーを信頼して、結果に向かう羊の群のように兵士を動かして、決戦の場で力を爆発させることが理想である。

そのためにも**リーダーや指揮官の人格が高く、尊敬されておく必要がある。**

兵士たちは、いきなり敵地の奥深く決戦の場に投入されると、そこで死にもの狂いで戦うしかないと覚悟する。散地（自国内）で戦わざるを得ない敵兵は、その気迫と気勢に圧倒され、ついに敗退するだろう。こうして敵を破り、勝利を手にするのが将軍の仕事なのである。

76. 敵地への攻撃は中途半端ではいけない

およそ敵の地で戦う場合の法則としては、
深く入り込めば
兵士たちは一致団結するが、
深く入り込んでいないと
兵士は気が散ってばらばらとなる。

国を離れ国境を越えて
敵地に軍を進めた地は絶地である。
四方に通じる地は衢地《くち》である。

九地

敵地の深く入り込んだ地は重地である。
敵地に浅く入った地は軽地である。
背後が険しく、前方が狭い地は囲地である。
どこにも逃げ場のない地は死地である。

【解説】

ここで孫子は、将軍たる者の覚悟と決意を、敵地での戦い方に応じて述べている。

戦いを仕掛けたのならば中途半端ではいけない。

一気に敵の奥深いところを目指し、急所を撃ち、勝ちに行くべきである。

中途半端な攻めは味方の軍の心が一つになりにくく、兵が逃げ出したり、意欲をなくしたりするからである。

まさにイギリス海軍の英雄ネルソンも、中途半端な戦いをしないことを徹底して、強い艦隊をつくったのだ。

九地

77. 皆の戦う意欲を極限にまで高める

敵地では兵の心を一つにさせなければならない。

軽地では軍隊相互を離れないようにしなければならない。

争地では遅れて出発したとしても、軍を敵より先に到着するようにしなければならない。

交地では守備を念入りに強化しなければならない。

衢地では隣国諸侯との同盟関係を固めなければならない。

重地では軍の食糧補給を

絶やさないようにしなくてはならない。
圮地《ひち》では速やかに軍を通過させなければならない。
囲地では敵がわざと開けた逃げ道を塞ぎ
必死に兵を戦わせなければならない。
死地では兵士に死を覚悟させ
戦わせなければならない。
だから兵士の心理としては、
敵に包囲されたらそれを防ぎ、
戦わざるを得ない環境に置かれれば必死に戦い、
あまりにも危険な状況下にあれば、
よく将軍の指揮に従うものである。

【解説】

将軍は、兵士が必死に戦わざるを得ない状況に持っていくようにしなくてはいけない。

中途半端な戦いは、長期戦をともなったり、味方の兵士の心を動揺させてしまうことになる。

人間はいつもずっと緊張し、死にもの狂いになれるものではないからである。

孫子の兵法の特徴は、徹底した合理主義思考に、人間心理、集団心理の深い考察を加味し、地形や場所に合わせた戦い方を教えるものである。

78.
あらゆることを知り、思い通りに戦える天下無敵の部隊とは

諸侯の謀略（腹のうち）を知らないのでは
前もってその諸侯たちと
親交や同盟を結ぶことはできない。
山林や険しい地形や湿地帯のことがわからないのでは
軍隊を進めることはできない。
その土地の道案内を使わないのでは
地形の利益を得ることはできない。
以上のうち一つでも知らないのでは、
覇王の軍隊とはなれない。

九地

そもそも覇王の軍隊は、
大国を攻撃すればその敵の軍隊は集まることもできず、
威圧を加えれば敵は孤立し、
他国と同盟を結ぶこともできない。
したがって、争って諸侯と親交し同盟を結ばなくても、
天下の権力を無理に一身に集めようとしなくても、
自分の思い通りにやっていれば
敵にその威圧が加わるので
敵の城も落とせるし敵の国も取れるのである。
法外な厚い褒賞を行うことや
非常措置の命令を出せば、
一人を動かすように
全軍の兵士を自由自在にできる。
軍隊を動かすにあたっては、
ただ任務のみをいい、
その理由を説明してはならない。

軍隊を動かすには利益をもってし、
害になることを告げてはならない。
軍隊を、滅びるような状況に投げ入れて、
はじめて滅亡から免れ存続し、
死を逃れがたい状況に陥れて、
はじめて生き延びることができるのである。
そもそも兵士たちは危険な状況に陥って、
はじめて奮戦し、
勝敗を自由に決することができるものである。

【解説】

覇王の軍、すなわち天下無敵の軍はまず、すべてのことを知っていなくてはいけない。

接する国々の状況や腹の内、そして地形に応じた戦い方をするのである。すると堂々の戦い方もできることになる。

逆にいうと、**孫子の教える戦い方をすべて知れば覇王の軍となれる**のである。

そのうえで、兵士たちに、命を賭けて戦わせなければ自分たちの命はないという状況を与えることで、戦いの勝敗を思いのままにするのである。

なお、「覇王」のもともとの意味は、まず「王」が堯《ぎょう》・舜《しゅん》や夏《か》の禹《う》王、殷の湯《とう》王、周の文《ぶん》王など、王朝を建国した王たちをいう。

そして「覇」は斉の桓公《かんこう》、晋の文公《ぶんこう》、楚の荘王《そうおう》、孫子（孫武）が仕えた呉王闔廬《こうりょ》などの武力によって覇を握った者をさした。

ここから「覇王」とは天下がひれ伏すほどの無敵の主君をいうようになったのである。

79. 始めは処女のようにふるまい、後に脱兎のごとく攻撃する

戦争を行ううえで重要なことは
敵の意図を詳しく知るということである。
敵の意図を知り、
その進路に合わせ出会う目的地を定め、
千里の遠方からやって来て
敵の将軍を殺してしまう。
これを巧みに戦争をする者という。
だから、開戦と決まれば関所を封鎖し、
旅券を廃止し、国の使節の往来も止め（情報漏れを防ぐ）、

九地

朝廷の宗廟《そうびょう》で厳粛に軍事を審議する。
敵にスキが見えればすぐに攻め入り、
敵の重要な土地を攻撃目標としつつも、
それは密かに将軍の心の中で決めておき、
敵の行動に応じて動きながら、
ここぞというときに勝負を決する。
このように、
始めは処女のようにふるまい、
後に脱兎のごとく攻撃する。
すると敵は防ぎきれるものではない。

【解説】

敵にこちらの腹のうちを読ませてはいけない。

勝利するには、敵の意図を十分に知り尽くしたうえで、最初は敵に合わせて動き、まるで処女のようにふるまい油断させ、後にウサギが逃げるときのように速く敵を攻めれば戦いに勝利すること間違いない。尖閣も沖縄も、中国軍は必ずこうやって来るだろう。

戦いの勝敗は、いかに強いかだけでなく、いかに敵を油断させるか、そして、その油断に乗じていかに素早く動くかにもかかってくるのだ。

ここまで徹底してできれば、無敵の軍といえる。戦いや戦争においてはこの無敵を目指さないと国やわが身を失うのである。

トップビジネスにおいてもまったく同じことがいえる。

The Art of War by Sun Tzu

第十二章
火攻篇
——火攻めの方法

80. 火は大きな武器である

孫子曰く、火攻めには五つある。
第一に「火人《かじん》」、
すなわち敵の兵営に火を放って兵士を焼き討ちにすること、
第二に「火積《かし》」、
すなわち野外に集積している敵の物資を焼き払うこと、
第三に「火輜《かし》」、
すなわち敵の輜重《しちょう》（輸送中の荷車）を焼き払うこと、
第四に「火庫《かこ》」、
すなわち敵の倉庫を焼き払うこと、

火攻

第五に「火隊《かつい》」、
すなわち重要な橋など敵の要路に火をかけること、
である。

火攻めを行うには、
必ず条件がそろっていなければならない。
火攻めの道具や材料は
いつも準備しておかなくてはいけない。
火攻めを行うには、
適当な時があり、
適当な日があることを知らなくてはいけない。

【解説】

孫子の兵法より前（といっても二五〇〇年前のことだが）には火を武器にする記述はほとんどなかったが、**孫子は火攻めを重要な戦法と考えた。**

それ以降、戦争における重要な手段として利用されてきた。

人類の歴史において最大の火攻めはアメリカ軍による東京大空襲、それに広島・長崎への原爆投下であろう。

しかし、孫子は敵国の民衆を対象とした「火民」は考えていない。

孫子の思想に合わないところであろう。

ところが今や世界の大国や軍事国家（北朝鮮など）は核兵器を持つに至り、孫子の考えなかった「火民」が当たり前に現実のものになっている。日本も孫子が考えなかった核兵器による「火民」についてどうするか考えざるをえなくなっている。

孫子の兵法の趣旨からすると、外交戦、謀略戦に勝利するためにも、（抑止力としても）、他国が核を持つ以上、日本も持たざるをえない（使わないにしても）ということになるのではないか。

81. 火攻めは智恵を使う攻撃法である

火攻

火攻めは、必ず既に述べた五種類のもので行い、それに応じた兵の動かし方をする。味方のスパイや敵の内応者によって敵陣の中から火が燃え上がった場合は、すばやくそれに呼応して外から攻撃をしかける。しかし、火が上がっても敵が静まっているときは攻撃を止め、待機して様子を見、さらに火が強くなってから、敵の様子を見つつ攻めてよければ一気に攻め、様子がおかしければ攻撃を控える。

外から火をかけて攻撃できそうであれば、
敵陣内からの火を待つことなく、
時を見はからって火を放つのがよい。
火が風上から燃え出したならば、
風下から攻めてはいけない。
昼間の風が長くつづいたときは、
夜の風は止むことが多いので
火攻めはしないようにする。
こうして火攻めには五種類のものがあり、
それぞれの火攻めの活用法をよく知らなくてはいけない。
だから、火を攻撃の助けとして使うことは
知恵によるものであり、
水を攻撃の助けとして使うことは、
強大な兵力によるものである。
水は敵を遮断し孤立させることができるが、
敵の戦力を奪い取ることはできない。

【解説】

孫子のいうように、「火攻め」は知恵者の策であり、「水攻め」は強大な軍のパワーによるというのは確かにそうだが、「水攻め」を知恵で行い、敵の戦力を奪った例がある（水攻めにも知恵がいるのだ）。

それが豊臣秀吉の備中高松城攻めである。

土手をつくって川の水をため、城を水の中に孤立させてしまい兵糧攻めで落とすという作戦である。

土手をつくっていることを敵にわからないようにまず塀をつくっておいて、その手前に、人夫たちにお金をはずんで土を運ばせ、あっという間に土手を築いた。

やがて雨が降り、高松城はぽっかり水の中に浮かぶ孤島となった。

こうして毛利側は和睦を申し出て多くの領地を差し出した。

ちょうどこのときに、明智光秀が〝火攻め〟で織田信長を討った本能寺の変が起きたのである。

秀吉はここでも（食糧調達などに）知恵を使い、兵を一気に走らせ明智光秀を討ちに戻った。

織田信長は孫子を学んでいたのではといわれるが、秀吉はどうだったのか興味のあるところである（私は学んでいたと思っている。もちろん黒田官兵衛は学んでいたはずだ）。

なぜ秀吉が勝ち、光秀が負けたのか。

孫子の教えから分析するとおもしろい。

すべてにおいて比較していくと、やはり秀吉に軍配があがる。

光秀も優れてはいるが、総合的な将軍の資質は秀吉にあり。すばらしいスタッフ、参謀に恵まれていた。そして彼らをうまく活用したのだ。

戦い（ビジネスにおいても同じ）はやはり総合的に気配りし、いかにして敵を破っていくかを工夫しつつ、すばやく決断していかなくてはいけない。

火攻

82. 怒りや憤りで戦ってはいけない

そもそも戦闘で勝ち、
攻撃して奪い取っても戦争目的を達成できなくて、
戦争をつづけているようであれば、
これは不吉であり、
これを「費留《ひりゅう》」という。
だから賢明な主君はこのことをよく考え、
優れた将軍もこれを避ける。
主君は怒りのために戦争を起こしてはならず、
将軍は憤りをもって戦ってはいけない。

国や軍にとって有利であるなら戦いを起こし、
有利な状況でなければ戦いを起こさない。
怒りはいずれおさまって、
また喜ぶようにもなるし、
憤りもいずれ静まって、
また愉快になれる。
しかし滅びた国は元に戻らず、
死んだ人間が生き返ることはない。
だから賢明な主君は戦争については慎重だし、
優れた将軍は安易な戦いを戒める。
これが国家を安泰にし、
軍隊を保全する方法なのである。

【解説】

日本の、前のアメリカとの戦争や中国侵略は、原因を求めると、中国にいる日本人を守るということとともに、マスコミの扇動による国民世論の「怒り」や「憤り」によるところも大きかった。これを利用する中国の国民党や共産党もうまかった（とくにアメリカでロビー活動し、日本批判のムードをつくった）。

マスコミというのは、国民の怒りを誘導することで利をあげる。この単なる一企業、あるいは得する人間の利のために国を失ってはいけない。尊い人命を失ってはいけない。これは今も当てはまることだ。

いかに正義を装っていても利益追求しか考えない企業なのだ。

こうして「鬼畜米英を撃て」と連呼しつづけた昭和のマスコミであったが、日本人全体もまさに孫子の教えを忘れていたことがわかる。

孫子の教えは、無意味な戦争をなくすためにも、今も世界中が学ぶべきものといえる。

The Art of War by Sun Tzu

第十三章

用間篇

――スパイを活用する

83.

情報に対してはお金と労力を惜しんではいけない

孫子曰く、
およそ十万の軍隊を動かして
千里の先まで攻め入ったとすると、
民衆の出費や国の支出は
一日に千金もの大金となる。
国の内外ともに大騒ぎとなり、
物資の輸送のために多くの人々が道路上に疲れ果て
自分の仕事をできなくなる者が
七十万家にも達することになる。

用間

こうした状態で数年におよんで対峙しつづけても
最後の勝負は一日で決まってしまう。
それなのにスパイに官位や俸禄や百金などを与えることを
出し惜しんでしまって
敵の情報を探ろうとしないのは、
民衆の苦労を無にしてしまう。
民衆に対して仁（愛情や思いやりや理解）のない指導者である。
そのような人物は
人の上に立つ将軍ではないし、
主君の補佐でもないし、
勝利を呼ぶ者ともいえない。

【解説】

日本では伝統的にスパイや情報に対する評価が低い。まわりを海にかこまれた国土であり、歴史的に戦争があまりにも少なかったという幸せな国民であったことの証明でもある。

しかし、日露戦争という国家、国民の存亡を賭けた戦争のときだけはスパイを大いに活用した。

最も有名なのは明石元二郎《あかしもとじろう》である。広瀬武夫や秋山真之も留学生としてロシアやアメリカに学び、スパイ（情報収集者）としても活躍した。広瀬はロシアの将校や貴族と親しくなり、アリアズナという貴族の娘にも愛された。秋山はアメリカの戦略家マハンと司令長官のサムソンに可愛がられつつも、将来、アメリカは日本を敵として仕掛けてくると見抜いていた。明石は大金を使いレーニンたちを煽り、ロシア革命を推進させた。当時のお金で百万円、現在であれば何十億円に相当する。他にもたくさんのスパイが活躍した。こうした努力が実って、日本はかろうじてロシアを破ることができたのである。

用間

84. スパイを使い、あらかじめ敵の情報を握る

賢明な主君や優れた将軍が行動を起こして敵を打ち破り、
抜きん出た成功を勝ち取るのは、
あらかじめ敵の情報を握っているからである。
あらかじめ敵の情報を知るということは、
鬼神に祈ったり占ったりするのではなく、
過去のことから類推して得られるものでもなく、
天体の運行を観察することによって類推できるものでもない。
必ず人、つまりスパイの働きによって
敵の情報を知るのである。

【解説】

日露戦争後、アメリカとの戦争が始まるとき、日本はその敵国、アメリカの研究を放棄し、国民に英語さえ禁止した。

反対に、アメリカは戦争を機に日本と日本人の研究に力を入れたのである。

戦争のうまさや、人間性ではなく、テストの点数がよいというだけで昇進した軍部のエリートのおごった態度や、国の存亡よりも組織を守れというまちがった軍、官僚の行動原理があって、スパイもあまり重視しなくなったようだ。

しかし、**情報戦は国家、国民の運命を左右するものである。**これは今日のビジネス社会における企業にもあてはまることだ。中国や韓国の企業も日本からの秘密情報をうまく盗んで大きくなったのである。今ももちろんあちこちでやっている。

これからの日本は、国や自分の会社を失わないためにも、スパイ防止策も一つの大きな課題となることを、孫子で学ぶべきだろう。

85. 優秀なスパイ網は宝である

用間

スパイを用いるには五つの種類がある。
それは因間《いんかん》、内間《ないかん》、反間《はんかん》、死間《しかん》、生間《せいかん》である。

この五種類のスパイは
それぞれその仕事ぶりを知らない（スパイ相互間も一般人も）。
これが絶妙なやり方であり
主君にとっても宝のような存在である。

因間とは、敵国の民間人を利用して行うものであり、

内間とは、敵の官吏を利用して行うものであり、
反間とは、敵のスパイを逆に利用して行うものであり、
死間とは、味方のスパイに偽りの情報を敵に伝えさせ、
偽りであることが判明したときには
敵によって殺されてしまうというものである。
生間とは、敵国に潜入しては生還し、
そのつど情報をもたらすもののことである。

【解説】

現在でも世界中の国々がスパイをたくさん利用している。しかし、その全容は決してわからない。わかってしまってはスパイの意味がないだろう。

スパイにも単純な情報収集レベルの者から国家の機密レベルを盗んだり、操作したりする者まで多様だ。また自国、敵国、まったく関係ない国々の者などを使う。

当然、現在の日本にも欧米やアジア各国のスパイ（最も有名なものはアメリカのＣＩＡ）がいて、官僚や政治家の友達になったり、愛人になったり、仕事のつき合いをしたりなど、いろいろな者が活動している。

これは世界の常識であり、日本はスパイ天国としても有名である。あなたのまわりにも必ずいるはずだ。このことは忘れてはいけない。

86.

スパイを使うには優れた能力が求められる

全軍の中で、
主君や将軍においてはスパイよりも親しい者はなく、
恩賞はスパイに対して最も厚く与えられ、
軍事上のことでは
スパイの扱いほど機密を要するものもない。
主君や将軍が非常に優れた知恵の持ち主でなければ、
スパイの情報は使えない。
また、仁（深い愛と情）と
義理（相手との誠実なつき合い）がなければ

用間

スパイを思い通り動かせない。
物事の機微がわからなければ、
スパイの報告から
真実の情報を理解することができない。
何と微妙で奥深いことであろうか。
軍事においては
どんな分野でもスパイは使われるのである。
スパイの情報にもとづいた計画が、
まだ実際に進められていないときに洩れた場合には、
関係するスパイと
その秘密を知った者は皆死んでもらう。

【解説】

スパイを使いこなせる指導者の条件をここで詳しく述べている。

- **気前がよいこと**
- **優れた知恵を持ち、情報を分析できること**
- **深い愛（仁）と相手との誠実なつき合い（義理）があること**
- **物事の機微を洞察できること**

である。

こうしてはじめて優れたスパイとの信頼関係ができて、うまく活用できるようになる。

こうしてみると、いかにトップ、リーダーが全人格的、全能力的に優れているかが、スパイをうまく活用できるかどうかの勝負であることがわかる。

情報は上になるほど貴重であり、上に立つ者は、心して自らを向上させる義務がある。

用間

87. 敵のスパイを優遇し、味方にする

攻撃しようと思っている相手の軍、
攻撃しようと考えている城、
殺そうと決めている人物については、
必ずその前に守備する将軍、側近、取り次ぎの者、
門番、雑役する者の姓名を知っておき、
味方のスパイにそれらの情報を集めさせなくてはならない。
また、こちらの情報を探りにきたスパイを必ず捜し出し、
その者に利益を与え、
誘い込んでこちらにつかせるようにする。

こうして反間として使えるようにするのである。
この反間によって敵の情報がわかるから、
郷間《きょうかん》（因間のこと）も内間も使うことができるようになる。
この反間によって敵の状況がわかるから、
死間を使って偽りの情報を敵に告げさせることができる。
この反間によって敵の内情を知ることができるから、
生間を予定通りに活動させることができる。
このように五種類のスパイの使い方を
主君はよく知っておかなければならないが、
敵の情報を手に入れるにあたっては
反間が最も重要な役割を持っている。
だから反間を厚遇する必要があるのだ。

【解説】

大物スパイと呼ばれる人物ほど二重スパイになりやすい。

というのは、大物は信頼でき、信用もあるからだ。有力な情報を持ち、相手にもそれを与えられるからこそ、一級の情報が手に入れられるのだ。

孫子はこの性格に目をつけ、**大物スパイはとにかく厚く優遇して、こちらの味方にしてしまうことを奨励する。**というより必須のことであると説いているのである。

そのためにも、前に述べたスパイを使いこなす要件を満たす必要がある。それらは、まさに理想のリーダー、最高のリーダーとなれる要件と言い換えてもよい内容である。

司馬遼太郎の『新史太閤記』の中で、軍師黒田官兵衛が豊臣秀吉の人となりを評価するが、それが典型といってよいだろう。それは「智謀」「気前のよさ」「人蕩《たら》し」「信義の厚さ」「人間好き」などである。

88. 優秀な大物スパイで歴史はつくられる

殷《いん》王朝が天下を治めるようになったのは、
伊摯《いし》（殷王朝建国の功労者）がスパイとして
夏の国に入り込んでいたからである。

周王朝が天下を治めるようになったのは、
呂牙《りょが》（周王朝建国の功労者）がスパイとして
殷の国に入り込んでいたからである。

このように、

用間

聡明な主君や優れた将軍だけが、
大変知恵のある者をスパイとして敵国に送り込んで、
必ず偉大な功績を
成し遂げることができるのである。

つまり、スパイは戦争の要であり、
すべての軍はそれに頼って動くのである。

【解説】

孫子は、最初の「計篇」から、この最後の「用問篇」まで、一貫して、**「正しい情報を知ること」の重要性**を説きつづけている。

それが戦いに勝つための基本中の基本なのである。

さらにその「正しい情報」が活用できるまで応用して、どんなときも敵を打ち破れるようになるまで、自分の指導者としての能力を高めておくことを要求している。

こうして無駄な戦いや、意味のない戦争を絶対に否定するのである。

勝つべくして勝つことを説くのである。

ぜひこの孫子の教えを実生活でも生かしていきたいものだ。

そうすれば、あなたの人生は「勝ち」となることまちがいない。

遠越《とおごし》 段《だん》

東京生まれ。早稲田大学法学部卒業後、大手電器メーカー海外事業部に勤務。

１万冊を超える読書によって培われた膨大な知識をもとに、独自の研究を重ね、難解とされる古典を現代漫画をもとに読み解いていく手法を確立。

著書に『スラムダンク武士道』『スラムダンク論語』『スラムダンク孫子』『スラムダンク葉隠』『ザッケローニの言葉』『ワンピースの言葉』『ゾロの言葉』『ウソップの言葉』『桜木花道に学ぶ“超”非常識な成功のルール48』『人を動かす！　安西先生の言葉』『20代のうちに知っておきたい読書のルール23』『世界の名言100』『心に火をつける言葉』（すべて総合法令出版）がある。

ゼロから学ぶ 孫子

2014年５月６日　初版発行

著　者　遠越 段

発行者　野村 直克
ブックデザイン　土屋 和泉

発行所　総合法令出版株式会社
〒103-0001
東京都中央区日本橋小伝馬町15-18
常和小伝馬町ビル９階
電話　03-5623-5121

印刷・製本　中央精版印刷株式会社

ISBN978-4-86280-403-7

遠越段の好評既刊

桜木花道に学ぶ“超”非常識な成功のルール48

遠越段 著｜定価 1,300 円＋税

一見、常識のかけらもない無鉄砲な男のように見える桜木花道だが、実は人生において大切なことはしっかりと実践しているのである。その生き方を学び身につければ、どんな時代、どんな環境においても必要とされ、活躍できる人間となっていくことができる！

人を動かす！ 安西先生の言葉

遠越段 著｜定価 1,200 円＋税

湘北の超個性派集団を見事にまとめ上げた、安西先生の「人のやる気を引き出し、その能力を最大限に活かす手法」について、徹底分析。それは、ビジネス界の名経営者たちやスポーツ界の名指導者と呼ばれた人たち、または、歴史上の英雄たちと共通する手法だった。

ワンピースの言葉

遠越段 著｜定価 1,300 円＋税

『ワンピース』は人生のバイブルだ！　ルフィたちの名言を通して、生きがい、リーダーシップ、行動力、目標設定、コミュニケーション、社会の真実など、人生で大切なあらゆることを学ぶ！ワンピースの言葉と哲学が、日本と世界の未来を救う！『ワンピース』が 10 倍深く楽しめる！　“Dの意志”も徹底解明。

ゾロの言葉

遠越段 著｜定価 1,300 円＋税

“超”強くて「義」に厚く、頼もしい奴、ロロノア・ゾロの秘密。何より友達思いであり、仲間のためには体を張り、強い敵や困難に立ち向かうロロノア・ゾロ。そんなゾロの生き方を、数々の名言を通して学ぶ。

ウソップの言葉

遠越段 著｜定価 1300 円＋税

弱くても夢と誇りを失わず、最後に必ず自分の夢を叶え、まわりの人々を幸せにし、自分も楽しく生きることができるウソップ。そんなウソップの生き方を、数々の名言を通して学ぶ。